essentials

essentials liefern aktuelles Wissen in konzentrierter Form. Die Essenz dessen, worauf es als „State-of-the-Art" in der gegenwärtigen Fachdiskussion oder in der Praxis ankommt. *essentials* informieren schnell, unkompliziert und verständlich

- als Einführung in ein aktuelles Thema aus Ihrem Fachgebiet
- als Einstieg in ein für Sie noch unbekanntes Themenfeld
- als Einblick, um zum Thema mitreden zu können

Die Bücher in elektronischer und gedruckter Form bringen das Expertenwissen von Springer-Fachautoren kompakt zur Darstellung. Sie sind besonders für die Nutzung als eBook auf Tablet-PCs, eBook-Readern und Smartphones geeignet. *essentials:* Wissensbausteine aus den Wirtschafts-, Sozial- und Geisteswissenschaften, aus Technik und Naturwissenschaften sowie aus Medizin, Psychologie und Gesundheitsberufen. Von renommierten Autoren aller Springer-Verlagsmarken.

Weitere Bände in der Reihe http://www.springer.com/series/13088

Olaf Manz

Gut gepackt – Kein Bit zu viel

Kompression digitaler Daten verständlich erklärt

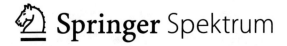 Springer Spektrum

Olaf Manz
Worms, Deutschland

ISSN 2197-6708   ISSN 2197-6716   (electronic)
essentials
ISBN 978-3-658-31215-2   ISBN 978-3-658-31216-9   (eBook)
https://doi.org/10.1007/978-3-658-31216-9

Die Deutsche Nationalbibliothek verzeichnet diese Publikation in der Deutschen Nationalbibliografie; detaillierte bibliografische Daten sind im Internet über http://dnb.d-nb.de abrufbar.

Planung/Lektorat: Annika Denkert
Springer Spektrum ist ein Imprint der eingetragenen Gesellschaft Springer Fachmedien Wiesbaden GmbH und ist ein Teil von Springer Nature.
Die Anschrift der Gesellschaft ist: Abraham-Lincoln-Str. 46, 65189 Wiesbaden, Germany

Was Sie in diesem *essential* finden können

Sie erfahren,

- wie man Information zum Zwecke der Datenübertragung und -speicherung digitalisiert.
- welche verschiedenen Techniken es gibt, digitale Daten zusätzlich zu komprimieren.
- wie das einfachste Kompressionsverfahren, die Lauflängencodierung, funktioniert.
- was es mit der Entropiecodierung bei Datenkompression auf sich hat.
- dass man zur Datenkompression auch Wörterbücher anlegen kann.
- wie man mittels Irrelevanzreduktion dem menschlichen Auge und Ohr ein Schnippchen schlägt.
- dass man Fotos, Grafiken, Videos und Schall nur quantisiert überträgt und speichert.

Ein erster Überblick

In zahlreichen Büchern und Aufsätzen wird auf die Geheimhaltung schützenswerter Daten durch Verschlüsselung und digitale Signatur eingegangen. Ebenso gibt es viele Veröffentlichungen darüber, wie man mithilfe mathematischer Verfahren Übertragungs- und Auslesefehlern automatisch korrigieren kann. Dabei wird ein weiteres wichtiges, allerdings weit weniger umfangreiches Thema der Datenübertragung und -speicherung häufig etwas vernachlässigt, nämlich die Datenkompression. Dabei ist sie bei der heutigen Datenflut, die auf Speichermedien und im Internet kursiert, nicht minder relevant. Die vorliegende Abhandlung erläutert ohne theoretischen Überbau und mit elementaren mathematischen und informatischen Methoden die wichtigsten Kompressionsverfahren, so unter anderem die Entropiecodierungen von Shannon-Fano und von Huffman, sowie die Wörterbuchcodierungen der Lempel-Ziv-Familie. Ausführlich eingegangen wird auch auf Irrelevanzreduktion und die Quantisierung bei optischen und akustischen Signalen, die die Unzulänglichkeiten des menschlichen Auges und Ohres zur Datenkompression ausnutzen. Illustriert wird das Ganze anhand gängiger Praxisanwendungen wie ZIP-Archive, das GIF-Grafikformat, das JPEG-Fotoformat, das MPEG-2-Videoformat sowie die CDA- und MP3-Audioformate. Die Aufbereitung des Themas erlaubt den Einsatz beispielsweise in Arbeitsgruppen an MINT-Schulen, bei Einführungskursen an Hochschulen und ist auch für interessierte Laien geeignet.

Inhaltsverzeichnis

Über den Autor

Dr. Olaf Manz arbeitete zunächst als wissenschaftlicher Mitarbeiter und Heisenberg-Professor an den mathematischen Instituten der Universitäten Mainz und Heidelberg. Er war anschließend langjähriger Mitarbeiter bei Siemens im IT-Produktmanagement und kennt Datenverarbeitung auch von der praktischen Seite. Er ist auch Autor der bei Springer erschienenen Bücher „Fehlerkorrigierende Codes" und „Verschlüsseln, Signieren, Angreifen".

Datenübertragung und – speicherung 1

Im heutigen Informationszeitalter werden in Wirtschaft, Gesellschaft und Wissenschaft, aber auch im Privaten riesige Mengen von Information zwischen Sendern und Empfängern ausgetauscht. Dies erfolgt nur noch in sehr geringem Maße auf Papier, also etwa per Post. Vielmehr nutzt man heutzutage überwiegend das Internet, in das man sich häufig über drahtlose Netze einwählt, nämlich über das WLAN. Für wichtige aber auch zwanglose Unterhaltungen ist nach wie vor das Festnetz- oder Mobilfunktelefon populär, die Navigationsinformationen im Straßenverkehr empfängt man dagegen über Satellit mittels GPS-Technik. Informationen sind aber auch mittels Speichermedien übertragbar, beispielsweise kann man Musik auf handelsüblichen CD's erwerben oder Urlaubsphotos gegenseitig austauschen, indem man sie auf einen USB-Stick speichert. Auch die allgegenwärtigen Barcodes beinhalten spezifische Informationen, die über einen passenden Scanner ausgelesen werden können. Bei sämtlichen Techniken des Informationsaustauschs gibt es grundsätzlich drei Anforderungen zu beachten, die in der Praxis je nach Anwendung und Situation unterschiedlich wichtig und relevant sind, und die zusammenfassend in Abb. 1.1 dargestellt sind. Die auszutauschende Information sollte

- möglichst platzsparend, also komprimiert übertragen werden,
- unterwegs gegen unerwünschtes Abhören und unerlaubte Veränderung geschützt sein, und
- trotz zufälliger Störungen im Übertragungskanal bzw. Beschädigungen verwendeter Speichermedien ohne signifikanten Informationsverlust ankommen.

© Der/die Herausgeber bzw. der/die Autor(en), exklusiv lizenziert durch
Springer Fachmedien Wiesbaden GmbH, ein Teil von Springer Nature 2020
O. Manz, *Gut gepackt – Kein Bit zu viel,* essentials,
https://doi.org/10.1007/978-3-658-31216-9_1

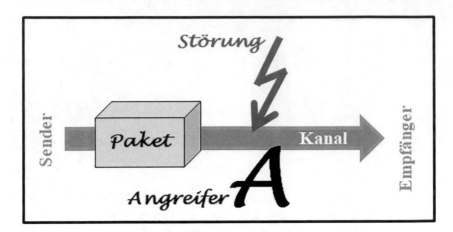

Abb. 1.1   Szenario der Datenübertragung und -speicherung

Schauen wir uns diese drei Anforderungen etwas genauer an. Beim Senden bzw. Speichern von Dokumenten ist als erstes zu berücksichtigen, dass die Übertragungszeit möglichst kurz bzw. der benötigte Speicherplatz möglichst gering ausfallen sollten, die Daten also in geeignet komprimierter Form verwendet werden. Dies kann man zum Beispiel dadurch erreichen, dass man Dateien in ein sog. ZIP-Archiv packt. Digitalfotos werden von handelsüblichen Kameras bereits automatisch in einem komprimierten Format gespeichert, dem sog. JPEG-Format. Auch im Internet verwendet man gern ein komprimiertes Grafikformat, das sog. PNG-Format. Wir werden diese Begriffe später noch genauer untersuchen. Denn trotz modernster Speichertechnik und schneller Datenverbindungen ist die Datenflut derart angewachsen, dass Kompressionsverfahren nach wie vor verbreitet Anwendung finden. Man muss sich dabei stets vor Augen führen, dass man noch in der zweiten Häfte des 20. Jahrhunderts in der Datenverarbeitung eine ggf. notwendige Jahreszahl nur mit zwei Ziffern gespeichert hat, also etwa 71 für 1971, und das nur um etwas Speicherplatz zu sparen. Diese Technik führte schließlich zum Jahr-2000-Problem. Man musste nämlich befürchten, dass beim Übergang von 1999 auf das Jahr 2000, also der in der Datenverarbeitung verwendeten Jahreszahl 99 auf die Jahreszahl 00, der entsprechende Programmteil fehlerhaft oder gar nicht mehr weiterarbeiten würde. Durch umfangreiche Überprüfungs- und Korrekturmaßnahmen konnte man aber erreichen, dass am 01.01.2000, 00:00 Uhr kein Aufzug durch fehlerhafte Steuerung steckenblieb und auch kein Kraftwerk von seiner Steuerungstechnik automatisch abgeschaltet wurde.

Ein zweiter Aspekt, nämlich der der Datensicherheit hat in den letzten Jahren zunehmend, man möchte sogar sagen lawinenartig an Bedeutung gewonnen. Dies insbesondere dadurch, dass heutzutage immer mehr sensible Informationen wie beispielsweise Finanztranktsaktionen oder Vertragsunterlagen elektronisch getätigt bzw. versandt werden. Daher sollte die Übermittelung insbesondere von sensibler Information zumindest gegen das Abhören durch unbefugte Dritte geschützt werden. Dies kann man dadurch erreichen, dass man die Daten derart verschlüsselt, dass die Information von Fremden nicht mehr verstanden werden kann. Man nennt diesen Vorgang auch chiffrieren. Noch wichtiger ist es aber zu verhindern, dass – um in unserem Beispiel zu bleiben – die Finanztransaktion oder der Vertrag durch Dritte zu deren Gunsten geändert werden können. Hierzu verwendet man eine elektronische Variante der händischen Unterschrift, die digitale Signatur. Dabei muss man natürlich berücksichtigen, dass die weltweite Datenflut neben wirklich wichtigen Informationen auch eine Menge banalen Unfug enthält, für den Maßnahmen zur Datensicherheit nicht oder nur in sehr geringem Umfang erforderlich erscheinen.

Ganz anders verhält sich das bei unserem dritten Punkt, nämlich Störungen bei der Datenübertragung, die nicht von menschlicher Hand verursacht sind wie das eben beschriebene gezielte Manipulieren, sondern physikalischen Ursprung haben. Zum Beispiel sind einzelne Spannungsimpulse sowie das Hintergrundrauschen in einer Leitung nicht gänzlich verhinderbar. Bei Funksignalen tritt bisweilen eine zumindest teilweise Abschottung durch Metall sowie eine Überlagerung verschiedener Sender auf. In manchen Fällen sind auch die zur Datenübertragung verwendeten Speichermedien beschädigt. Musterbeispiel hierzu sind Kratzer auf der CD bzw. DVD, sowie beschmutzte und geknitterte Barcodes. Dennoch sollte nicht nur jede wichtige und sensible Information klar und deutlich beim Empfänger ankommen, sondern auch ein eher belangloser Plausch am Telefon. Um dies zu erreichen, fügt man der eigentlichen Nachricht möglichst wenige, überflüssige Daten bei. Man spricht von redundanten Daten. Wenn man dies geschickt macht, versetzt man den Empfänger in die Lage, die bei der Übertragung aufgetretenen Fehler in der empfangenen Information zumindest erkennen und ggf. auch ohne Nachfrage selbstständig korrigieren zu können. Letzteres ist beispielsweise unbedingt erforderlich beim Empfang von Bilder und wissenschftichen Daten, die von im Weltraum weit entfernten Raumsonden aufgenommen und gesendet wurden. Alltäglichere Beispiele für eine wünschenswerte automatische Korrektur sind das Abspielen einer leicht verkratzten Musik-CD oder der Empfang von mit kleineren Aussetzern behafteten Signalen für das Digitalfernsehen oder die Satellitennavigation.

Fakt ist bei allen drei genannten Themen, dass man schon mit sehr wenig Mathematik ein recht umfängliches Verständnis vermitteln kann. In [Man1] und [Man2] sind wir ohne theoretischen Überbau gezielt auf die wichtigsten Verfahren des **Verschlüsselns** und **Signierens** einerseits sowie auf **fehlerkorrigierende Codes** andererseits eingegangen und haben diese mit möglichst wenigen mathematischen Hilfsmitteln und an vielen Praxisbeispielen gespiegelt vorgestellt. Hier wollen wir uns mit dem gleichen Ansatz der optimalen **Kompression** von Daten widmen und die verwendeten Verfahren verständlich aufbereiten.

Digitalisierung

2

Aber in welcher Form werden Daten, die eine Information übermittel sollen, eigentlich gesendet oder auf Datenträgern gespeichert? Um diese Frage soll es zunächst gehen.

2.1 Digitalisierung, Bits und Bytes

Daten werden heutzutage stets digital übertragen bzw. gespeichert, d. h. als langer String bestehend aus den sog. **Bits** 0 und 1, also etwa in der Form 110010001101111001 Unter **Digitalisierung** versteht man nichts anderes als die Umwandlung von abstrakter Information in einen String aus Bits. Aber wie geht man grundsätzlich dabei vor?

Bei Texten beispielsweise wird jeder einzelne Buchstabe durch unterschiedliche, aber gleichlange Blöcke von Bits dargestellt und das Ganze als lange Bit-Folge zum Gesamttext zusammengefügt. Fotos und Grafiken zerlegt man zunächst in ihre einzelnen Bildpunkte (sog. **Pixel**), verwendet für deren Farb- und Helligkeitswerte unterschiedliche, aber gleichlange Blöcke von Bits und erzeugt auf diese Weise aus allen Pixeln eine lange Bit-Folge für das Gesamtbild.

Eine Blocklänge von Bits hat sich dabei in der Vergangenheit als besonders brauchbar erwiesen, nämlich die Länge 8, mit der man also bis zu $2^8 = 256$ verschiedene Zeichen bzw. Werte darstellen kann. Man nennt einen Block aus 8 Bit ein **Byte.** Allerdings ist die Darstellung von Buchstaben, die der Helligkeitswerte von Pixeln sowie die von anderen Zeichen oder Werten nicht grundsätzlich auf ein Byte und damit auf $2^8 = 256$ verschiedene Möglichkeiten beschränkt, sondern es können auch mehr als 8 Bit, und dann meist auch gleich mehrere Byte verwendet werden. Wir werden all dies an Beispielen erläutern.

© Der/die Herausgeber bzw. der/die Autor(en), exklusiv lizenziert durch
Springer Fachmedien Wiesbaden GmbH, ein Teil von Springer Nature 2020
O. Manz, *Gut gepackt – Kein Bit zu viel,* essentials,
https://doi.org/10.1007/978-3-658-31216-9_2

Zuvor wollen wir uns aber Bytes etwas genauer ansehen, beispielsweise das Byte 0101 0110, welches wir der besseren Lesbarkeit halber als zwei Viererblöcke von Bits schreiben. Man identifiziert Bytes gerne mit natürlichen Zahlen, indem man sie als sog. **Binärzahl** interpretiert. Wie in unserem gewohnten Zehnersystem die Stellen einer natürlichen Zahl für 10er-Potenzen stehen, stehen dabei die Stellen eines Byte für 2er-Potenzen, und zwar in absteigender Reihenfolge $2^7 = 128$, $2^6 = 64$, $2^5 = 32$, $2^4 = 16$, $2^3 = 8$, $2^2 = 4$, $2^1 = 2$ und $2^0 = 1$. Unser Byte 0101 0110 ergibt daher als Binärzahl interpretiert die natürliche Zahl

$$0 \cdot 2^7 + 1 \cdot 2^6 + 0 \cdot 2^5 + 1 \cdot 2^4 + 0 \cdot 2^3 + 1 \cdot 2^2 + 1 \cdot 2^1 + 0 \cdot 2^0 = 64 + 16 + 4 + 2 = 86.$$

Verwendet man wie oben angedeutet Blöcke aus mehreren Byte, beispielsweise ein Double-Byte bestehend aus $2 \cdot 8 = 16$ Bit, so beruht dessen Interpretation als Binärzahl sinngemäß auf den 2er-Potenzen $2^{15} = 32.768$, $2^{14} = 16.384$, $2^{13} = 8.192, \ldots, 2^1 = 2$ und $2^0 = 1$.

2.2   ASCII-Zeichen

Es gibt einen Standard aus 256 durchnummerierten Zeichen, der lateinische Groß- und Kleinbuchstaben, Ziffern sowie die meisten Sonder- und Steuerzeichen enthält, den sog. **ASCII**-Zeichensatz (American Standard Code for Information Interchange). Viele heutige Verfahren arbeiten gerne mit digitalen ASCII-Zeichen. Dabei muss man die Nummer des jeweiligen ASCII-Zeichens als Binärzahl interpretieren, um daraus das gewünschte Byte abzuleiten. Tab. 2.1 zeigt als Beispiel einen Ausschnitt aus der Tabelle aller ASCII-Werte. Dabei sind alle Großbuchstaben aufgelistet, da wir diese später für Beispiele verwenden werden. Das Zeichen *EOT* (End of Transmission) ist ein Beispiel für ein Steuerzeichen und markiert das Ende eines Datensatzes beispielsweise bei einer Datenübertragung.

Allerdings enthält die ASCII-Tabelle keine Buchstaben anderer Sprachen weltweit, wie zum Beispiel Griechische Buchstaben oder Chinesische Zeichen. Bei den Chinesischen und Japanischen Kanji-Zeichen muss man wegen deren Vielzahl mit Double-Byte, also mit zwei Byte operieren. Dafür hat man dann $2^{16} = 2^8 \cdot 2^8 = 65.536$ Möglichkeiten.

Tab. 2.1 Ausschnitt aus
der ASCII-Tabelle

Nr	ASCII	Byte
::::	::::	::::
4	*EOT*	0000 0100
::::	::::	::::
37	%	0010 0101
38	&	0010 0110
::::	::::	::::
49	1	0011 0001
50	2	0011 0010
::::	::::	::::
65	A	0100 0001
66	B	0100 0010
67	C	0100 0011
68	D	0100 0100
69	E	0100 0101
70	F	0100 0110
71	G	0100 0111
72	H	0100 1000
73	I	0100 1001
74	J	0100 1010
75	K	0100 1011
76	L	0100 1100
77	M	0100 1101
78	N	0100 1110
79	O	0100 1111
80	P	0101 0000
81	Q	0101 0001
82	R	0101 0010
83	S	0101 0011
84	T	0101 0100
85	U	0101 0101
86	V	0101 0110

Fortsetzung

Tab. 2.1 Fortsetzung

Nr	ASCII	Byte
87	W	0101 0111
88	X	0101 1000
89	Y	0101 1001
90	Z	0101 1010
:::::	:::::	:::::
97	a	0110 0001
98	b	0110 0010
:::::	:::::	:::::

2.3   Pixel bei Fotos und Grafiken

Bei digitalen Fotos und Grafiken werden je Pixel die Helligkeitsstufen der drei
Farbkanäle Rot (R), Grün (G) und Blau (B), dem sog. **RGB-Farbraum,** jeweils
als Bit-Block interpretiert. Abb. 2.1 zeigt ein Beispiel, bei dem die Helligkeitsstufen jeweils in einem Byte abgelegt werden. Die Zuordnung von Helligkeits-
stufe zu Byte orientiert sich an aufsteigenden Binärzahlen, beginnt also bei sehr
dunkel mit 0000 0000, 0000 0001 und endet bei 1111 1110, 1111 1111, also sehr
hell. Somit ist jedes Pixel mit einem Zeichen aus 3 Byte, nämlich als Triple-Byte
digitalisiert. Das Grafikformat **PNG** (Portable Networks Graphics) beispielsweise
geht in seinem einfacheren RGB8-Modus so vor. Wenn man die Helligkeitsstufen
feiner festlegen will, so kann man PNG im RGB16-Modus einsetzen und dabei je
Farbkanal mit Double-Byte arbeiten, für ein Pixel also insgesamt mit Zeichen aus
6 Byte.

2.4   Musik-CD

Bei Tonaufnahmen werden über eine im Mikrofon angebrachte Membran Laut-
stärke und Frequenzen der ankommenden Schallwelle in ein elektrisches
Signal umgewandelt. Dieses Schallsignal wird anschließend digitalisiert.
Bei digitalen Musik-CDs beispielsweise werden die Musikstücke im sog.
CDA-Format (Compact Disk Audio) gespeichert und so auf die CD gepresst.
Beim CDA-Format wird das Schallsignal auf jedem der beiden Stereokanäle mit
einem Double-Byte gespeichert. Dieses Verfahren lässt also für das Schallsignal
je Stereokanal ein Raster von $2^{16} = 2^8 \cdot 2^8 = 65.536$ verschiedenen Stufen zu, auf

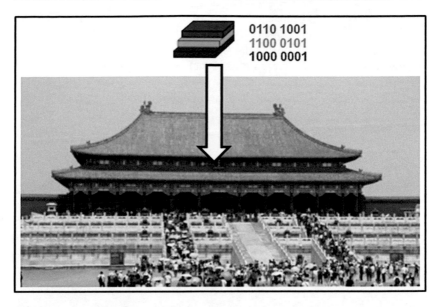

Abb. 2.1   Digitalisierte Helligkeitswerte eines Pixels im RGB-Farbraum. (Foto: Olaf Manz)

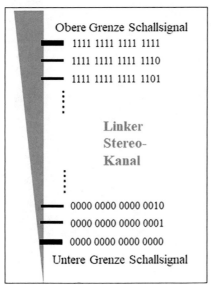
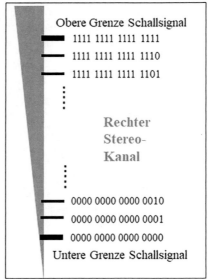

Abb. 2.2   Digitalisierte Schallstärke bei Musik-CD's

welche das Schallsignal gerundet wird und welche den Double-Byte wieder entsprechend aufsteigender Binärzahl beginnend von 0000 0000 0000 0000 „nicht
mehr hörbar" (untere Grenze für das Schallsignal) bis 1111 1111 1111 1111
„unerträglich laut" (obere Grenze für das Schallsignal) zugeordnet sind. Abb. 2.2
visualisiert das Vorgehen. Für beide Stereokanäle zusammen werden also für ein
Schallsignal beim CDA-Format Zeichen mit 4 Byte verwendet.

Überblick über Methoden der Datenkompression

3

Die bislang besprochene Digitalisierung von Texten, Fotos, Grafiken und von Schall lässt die Anforderung unberücksichtigt, Daten möglichst platzsparend, d. h. komprimiert abzuspeichern bzw. etwa über Mobilfunk oder im Internet zu versenden. Wir wollen uns daher nun den verschiedenen Methoden der **Daten-kompression** zuwenden und geben zunächst einen Überblick.

3.1 RLE Lauflängencodierung

Als Einstieg beginnen wir mit einem einfachen Verfahren, der **Lauflängen-codierung** oder kurz **RLE** (Run Length Encoding) genannt. Dabei werden identische Bit-Muster innerhalb eines digitalen Strings, die mehrfach hinter-einander auftreten, nur einmal abgespeichert zusammen mit der Anzahl ihrer Wiederholungen. Wir wollen jedoch, wo immer es geht, anstelle von digitalisierten Bit-Strings unsere Beispiele auf Basis der ASCII-Zeichen „Großbuchstaben" auf-bauen. Dies ist für die menschliche Auffassungsgabe anschaulicher, als sofort mit den Byte-Mustern der ASCII-Zeichen zu arbeiten.

Unser erstes Beispiel sei also ein Text aus Großbuchstaben, nämlich AAAAANNNNNNSEEEBBII II. Buchstabenweise wird dieser mittels RLE codiert zu A5 N7 S1 E3 B2 I4. Bei seiner Digitalisierung würde man nun die Buchstaben durch ihr ASCII-Byte gemäß Tab. 2.1 ersetzen und deren Anzahl würde man als Binärzahl interpretieren, so wie wir das bei den Bytes schon gesehen haben. Bei unserem kleinen Beispiel reichen für die Anzahlen bereits die 2er-Potenzen $2^2 = 4$, $2^1 = 2$ und $2^0 = 1$ für die Binärdarstellung aus, dies ent-spricht also drei Bit, und wir interpretieren 0 als 000, 1 als 001, 2 als 010, 3 als

© Der/die Herausgeber bzw. der/die Autor(en), exklusiv lizenziert durch Springer Fachmedien Wiesbaden GmbH, ein Teil von Springer Nature 2020
O. Manz, *Gut gepackt – Kein Bit zu viel*, essentials,
https://doi.org/10.1007/978-3-658-31216-9_3

011, 4 als 100, 5 als 101, 6 als 110 und 7 als 111. Daher sieht A5 N7 S1 E3 B2 I4 digital wie folgt aus:

0100 0001 101 0100 1110 111 0101 0011 001 0100 0101 011 0100 0010 010 0100 1001 100

Die Freiräume zwischen einigen Bit stehen hier und zukünftig nur der besseren Lesbarkeit wegen. Aus den 22 Buchstaben, also 22 Byte oder 176 Bit, werden 66 Bit, also eine erhebliche Kompression. Grundsätzlich könnte man statt mit einem Buchstaben auch mit Sequenzen von mehreren Buchstaben als Basis für Wiederholungen arbeiten, also etwa mit zwei Buchstaben. Als RLE-Codierung erhält man dann AA2 AN1 NN3 SE1 EE1 BB1 II2. Hier reichen bei der Binärdarstellung für die Anzahlen der Buchstabenpaare bereits zwei Bit und es ergibt sich als Digitalisierung

  0100 0001 0100 0001 10 0100 0001 0100 1110 01 0100 1110 0100 1110 11

  0101 0011 0100 0101 01 0100 0101 0100 0101 01 0100 0010 0100 0010 01

  0100 1001 0100 1001 10

Dies liefert mit 126 Bit eine schlechtere Kompression als die Variante mit nur einem Buchstaben. In für RLE ungünstigeren Fällen, also etwa beim ein wenig sinnfälligeren Ausgangstext ANANASBANANENEIS wäre die RLE-„komprimierte" Nachricht bei der Variante mit einem Buchstaben sogar länger als der Originaltext, da es keinerlei Wiederholungen gibt. Wählt man als Basis für Wiederholungen aber zwei Buchstaben, so ergibt sich RLE-codiert AN2 AS1 BA1 NA1 NE2 IS1, also digitalisiert

  0100 0001 0100 1110 10 0100 0001 0101 0011 01 0100 0010 0100 0001 01

  0100 1110 0100 0001 01 0100 1110 0100 0101 10 0100 1001 0101 0011 01

Dies ergibt anstelle der ursprünglichen 16 Byte, also 128 Bit, eine moderate Kompression auf 108 Bit.

Das zweite Beispiel ANANASBANANENEIS ist jedenfalls typischer für einen Text in einer gängigen Sprache, bei der sich eher selten Wiederholungen ergeben. Daher wird das RLE-Verfahren auch weniger bei Text-orientierten Dateien, als vielmehr bei Fotos oder Grafiken genutzt. So hat zum Beispiel ein Urlaubsfoto oft einen ziemlich großen, einheitlich blauen Himmel, wie beispielsweise Abb. 2.1 zeigt. Dann muss man bei der RLE-Kompression die Farb- und Helligkeitswerte der entsprechenden Pixel nur einmal abspeichern mit dem jeweiligen Wiederholungsfaktor. Besonders effizient ist RLE bei Grafiken in schwarz-weiß, da sich dort viele einheitliche Flächen rein in schwarz und rein in weiß finden, wie beispielsweise bei Grafiken, die einen Barcode visualisieren. Abb. 3.1 zeigt ein Beispiel.

Abb. 3.1 Quadratischer
Barcode QR (Quick Response)
am Beispiel des Buches [Man1]

3.2 Entropiecodierung und Morsealphabet

Der Begriff **Entropie,** der aus der Thermodynamik stammt, ist anschaulich gesprochen ein Maß für die Unordnung. Bei der **Entropiecodierung** macht man sich die in aller Regel ungleich gewichtete Häufigkeitsverteilung von Zeichen zunutze. Bei einem Text kann man dazu die statistische Buchstabenhäufigkeit der jeweiligen Sprache verwenden, in der Regel aber ermittelt man die Häufigkeitsverteilung binärer Zeichen auf Basis der vorliegenden, zu komprimierenden Datei. Bei der Entropiecodierung werden den einzelnen Zeichen unterschiedlich lange Folgen von Bits zugeordnet, unter dem Motto: „Je häufiger, desto kürzer". Sind die Zeichen also eher „unordentlich", also nicht sehr gleich verteilt, so kann man mit dieser Methode viele Zeichen mit sehr kurzen Bit-Folgen digitalisieren und damit die Datei komprimieren.

Das klassische Beispiel für eine Entropiecodierung ist das **Morsealphabet** gemäß Tab. 3.1, das die im Englischen häufigsten Buchstaben E und T mit „1 mal kurz" und „1 mal lang" belegt.

Die berühmteste Morsebotschaft lautet sicherlich ·· ·– – – ·· ·, nämlich SOS „Save Our Souls". Dagegen würde man unseren Beispieltext ANANASBANANENEIS wie folgt morsen:

·– – ·· – – ·· – ·· ·· – ·· ·– – – ·· – – ·· ·– ·· – ·· ·· ·· ·

Man ist sicherlich versucht, einen Morsetext als Digitalisierung anzusehen, also etwa „kurz" als 0 und „lang" als 1 zu betrachten. Das stimmt leider nicht ganz. Denn beispielsweise zweimal „kurz" könnte entweder den Buchstaben „I" oder ein Doppel-„E" bedeuten. Beim Morsealphabet ist also noch ein zusätzliches Trennzeichen „Pause" nötig, das aufeinanderfolgende Buchstaben voneinander abgrenzt, und das in den obigen beiden Beispielen eigentlich noch eingefügt werden muss.

Wir werden in Kap. 4 auf die wichtigste Entropiecodierung, nämlich die **Huffman-Codierung,** ausführlich zurückkommen. Dabei handelt es sich im Gegensatz zum Morsealphabet um eine „echte" Digitalisierung. Die zweite historisch wichtige Entropiecodierung, die **Shannon-Fano-Codierung,** werden wir im Anschluss ebenfalls vorstellen.

Tab. 3.1 Morsealphabet

Buchstabe	Morsezeichen	Buchstabe	Morsezeichen
A	. —	N	— .
B	— . . .	O	— — —
C	— . — .	P	. — — .
D	— . .	Q	— — . —
E	.	R	. — .
F	. . — .	S	. . .
G	— — .	T	—
H	. . . .	U	. . —
I	. .	V	. . . —
J	. — — —	W	. — —
K	— . —	X	— . . —
L	. — . .	Y	— . — —
M	— —	Z	— — . .

3.3 Wörterbuchcodierung

Wir wollen nun ein weiteres Kompressionsverfahren kurz anreißen, die **Wörter-buchcodierung.** Hierbei nutzt man aus, dass üblicherweise längere binäre Sequenze mehrfach in einem Datensatz vorkommen. Bei Texten kann man sich hierfür Wörter oder gar Wortgruppen vorstellen. Man erstellt dann schrittweise ein sog. **Wörterbuch,** auf das man bei sich wiederholenden Sequenzen immer nur verweist. Die einfachste Variante dabei ist, auf eine in der Datei zurück-liegende gleiche Sequenz zu verweisen. Hier ist ein sehr einfaches Beispiel, wieder mit den ASCII-Zeichen „Großbuchstaben", wobei wir die Sonderzeichen wie Komma und Freiraum ignorieren wollen:

Ausgangstext: IST DAS ENDE GUT, DANN IST ALLES GUT AM ENDE.
Codierung: IST DAS ENDE GUT, DANN -5 ALLES -3 AM -5.

Hierbei wird also beim zweiten IST auf das im Codiertext fünf Wörter zurück-liegende IST, beim zweiten GUT auf das drei Wörter zurückliegende GUT, und beim zweiten ENDE auf das wiederum fünf Wörter zurückliegende ENDE verwiesen.

Hier ist noch ein zweites Beispiel, das wir gleich in codierter und damit komprimierter Form wiedergeben:

IM SOMMER GIBTS ANANASBANANENEIS, DOCH -2 SCHMECKT NICHT NUR -8 -7. HOCH LEBE -7.

Auf die beiden wichtigsten Wörterbuchcodierungen, die jeweils auf **Lempel–Ziv-Codierungen** zurückgehen, werden wir in Kap. 5 genauer eingehen.

3.4   Irrelevanzreduktion und Quantisierung

Bislang waren alle unsere Kompressionsmethoden so angelegt, dass vom Informationsinhalt definitiv nichts verloren geht. Man spricht dann von **verlustfreier Kompression.** Verlustfreie Kompression ist in der Regel gerade bei Texten und Tabellen unbedingt erforderlich. Das ist anders bei Fotos, Videos und Schall wie z. B. Musik. Dort nutzt man die eingeschränkte Auflösung, die das menschlichen Auge noch in der Lage ist zu unterscheiden, sowie die begrenzte menschliche Hörfähigkeit und lässt einfach in diesem Sinne irrelevante Information weg. Man spricht dann von **Irrelevanzreduktion,** welche in der Regel zu einer **verlustbehafteten Kompression** führt. Wir wollen das Vorgehen anhand von Grafiken und Fotos näher erläutern.

Wir hatten bereits in Kap. 2 beschrieben, dass ein Foto oder eine Grafik aus Bildpunkten, den sog. Pixeln zusammensetzt, man sagt auch **gerastert** wird. Je grobkörniger das geschieht, um so schlecher wird die Qualität, aber um so besser wird die Kompression. Denn bei sehr grobkörniger Einteilung muss man die Farb- und Helligkeitswerte für weniger Bildpunkte speichern als bei einer hochauflösenderen Variante. Abhängig von der Anforderung an die Qualität eines Bildes kann also bei digitalen Fotos oder Grafiken die Anzahl der Pixel minimiert und damit eine erste Irrelevanzreduktion durchgeführt werden. Abb. 3.2 zeigt einen Vergleich zwischen ausreichender und ungenügender **Auflösung.**

Auch wenn bei unserem Foto der Himmel nicht völlig gleichmäßig blau ist, so überfordern doch geringfügige Unterschiede ohnehin das menschliche Auge. Dies macht man sich bei einer zweiten Irrelevanzreduktion, der **Quantisierung** zunutze. Die Helligkeitswerte eines jeden Pixels werden dabei durch ein mehr oder weniger fein gegliedertes Raster von endlich vielen Werten angenähert. Man kann sich das so vorstellen wie das Runden von Zahlenwerten auf endlich viele natürliche Zahlen. Wie bereits in Kap. 2 erläutert, können die Helligkeitswerte je Farbkanal Rot (R), Grün (G) und Blau (B), dem sog. RGB-Farbraum, beispielsweise durch ein Byte dargestellt werden, also unterteilt in $2^8 = 256$ Stufen. Man beginnt bei ganz dunkel mit 0000 0000, 0000 0001

Abb. 3.2 Ausreichende und ungenügende Auflösung eines Fotos. (Foto: Olaf Manz)

usw. und endet bei ganz hell mit 1111 1110, 1111 1111, wobei man dabei die Bytes mit ihren Binärzahlen 0 bis 255 identifiziert. Wir haben auch in Kap. 2 schon erwähnt, dass das Grafikformat **PNG** (Portable Networks Graphics) in seinem einfacheren RGB8-Modus so vorgeht. Nutzt man PNG hingegen mit seinem RGB16-Modus, so werden jeweils zwei Byte verwendet und man kann feiner in $2^{16} = 65.536$ Stufen unterteilen. Durch immer feinere Unterteilung und damit zusätzliche Bytes pro Farbkanal kann also die Bildqualität mehr und mehr gesteigert werden, die Kompressionsrate sinkt jedoch immer weiter. Wir haben also bei der Beschreibung der „reinen" Digitalisierung von Fotos und Grafiken in Kap. 2 ein wenig „geflunkert". Es handelt sich dabei nämlich nicht nur um eine Digitalisierung, sondern bereits zusätzlich um eine Kompression, nämlich um eine Quantisierung.

Was es bei anderen Grafik-, Foto-, Video- und Schallformaten mit Irrelevanzreduktion und Quantisierung auf sich hat, werden wir in Kap. 6 erläutern.

Entropiecodierungen

4

4.1 Präfixfreiheit

Wir wollen uns nun etwas ausführlicher um Datenkompression mithilfe von Entropiecodierungen kümmern. Dazu erinnern wir uns zunächst daran, dass es sich beim Morsealphabet zwar um eine Entropiecodierung handelt, aber um keine Digitalisierung, da neben „kurz" und „lang" noch ein zusätzliches Trennzeichen „Pause" nötig ist, das aufeinanderfolgende Buchstaben voneinander abgrenzt. Der Grund dafür ist, dass das Morsealphabet nicht präfixfrei ist. Eine digitale Codierung heißt **präfixfrei,** wenn keine Bit-Folge eines Zeichens Anfang der Bit-Folge eines anderen Zeichens ist. Beim Morsealphabet ist aber beispielsweise einmal „kurz" Anfang von zweimal „kurz". Bei einer präfixfreien Codierung dagegen kann jede digitale Nachricht ohne Pausenzeichen eindeutig in die Bit-Folgen der einzelnen Zeichen zerlegt werden. Man liest dazu den gesamten digital codierten String Bit-weise und sobald dabei ein gültiges Zeichen gefunden wurde, registriert man dies und beginnt sofort „ohne Pause" mit der Bestimmung des nächsten Zeichens. Aber gibt es überhaupt präfixfreie Entropiecodierungenen?

4.2 Huffman-Codierung

Die beste und auch heute noch wichtigste Entropiecodierung ist die **Huffman-Codierung,** die von **David Huffman** (1925–1999) entwickelt wurde. Huffman besuchte 1951 ein Seminar bei Robert Fano zum Thema effiziente binäre Codierungen. Zunächst schien es, als ob Huffman sein Seminarthema nicht bewältigen könnte. Doch dann kam er auf die Idee, für seine Codierung

Tab. 4.1 Relative
Häufigkeiten für die
Huffman-Codierung

Zeichen	Rel. Häufigkeit
A	0,40
N	0,19
S	0,17
E	0,12
B	0,11
I	0,01

einen binären Baum zu verwenden, den er von den Blättern hin zur Wurzel aufbaute und von der er sogar beweisen konnte, dass es sich um die effizienteste Entropiecodierung handelt. Damit verbesserte er ein Verfahren von Robert Fano und Claude Shannon, das wir weiter unten kennen lernen werden, das einen binären Baum umgekehrt von der Wurzel zu den Blättern aufbaut und damit in manchen Fällen weniger effektiv ist als die Methode von Huffman.

Die Grundidee ist also, einen binären Baum für die Darstellung der digitalen Zeichen aufzubauen, und zwar von den Blättern zur Wurzel hin. Wie wir aus Kap. 2 bereits wissen, bestehen bei ASCII-Dateien die digitalen Zeichen jeweils aus genau einem Byte, bei anderen Dateien wie z. B. einem chinesischen Text, einer Grafik oder einem Musikstück können die digitalen Zeichen aus mehreren Bytes logisch zusammengesetzt sein. Bei der Huffman-Codierung verwendet man bisweilen formal als Basis das abstrakte Zeichen „Byte", auch wenn es in der Datei nur Teil eines logischen, zusammengesetzten Zeichens ist. Auch können andere formale Bit-Muster, wie z. B. Zeichen aus 12 Bit, Zeichen unterschiedlicher Bit-Länge oder sogar nichtbinäre Zeichen zugrundegelegt werden. Wir erläutern das Vorgehen an einem konkreten Beispiel und nutzen dazu wieder spezielle ASCII-Zeichen, nämlich Großbuchstaben. Konkret wollen wir uns eine fiktive Datei mit nur sechs Großbuchstaben vorstellen, nämlich mit A, N, S, E, B und I, die das Wort ANANASBANANENEIS mehrfach enthält und die die Geschichte und Herstellung von ANANASBANANENEIS beschreibt. Wir vollen in unserem Beispiel annehmen, dass die sechs Zeichen in der gesamten Datei, also nicht beschränkt auf das Wort ANANASBANANENEIS, der Größe nach absteigend die Häufigkeitsverteilung gemäß Tab. 4.1 besitzen.

Bei Huffmans Verfahren werden nun sukzessiv die beiden jeweils am seltensten auftretenden Zeichen bzw. Zeichenmengen mit ihren relativen Häufigkeiten zusammengefasst und in der Tabelle an der entsprechenden Position eingefügt. Wir beginnen folglich mit B und I. Die Zeichenmenge BI hat zusammen

Tab. 4.2 Relative
Häufigkeiten für die
Huffman-Codierung nach
erster Zusammenfassung

Zeichen	Rel. Häufigkeit
A	0,40
N	0,19
S	0,17
E	0,12
BI	0,12

Abb. 4.1 Huffman-
Teilbaum bei erster
Zusammenfassung

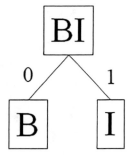

eine relative Häufigkeit von 0,12 und damit zufälligerweise die gleiche wie das
Zeichen E. Bei gleicher relativer Häufigkeit wie in unserem Beispiel für E und BI
kann in der Tabelle eine beliebige Reihenfolge gewählt werden. Wir wählen die
gemäß Tab. 4.2.

Gleichzeitig wird sukzessive ein Baum konstruiert, bei dem die zusammen-
gefassten Zeichen BI in ihre beiden Komponenten B und I verzweigen, und die
Verbindung links mit 0 und rechts mit 1 indiziert werden, wie Abb. 4.1 zeigt. Ob
dabei B oder I links steht und daher deren Verbindung mit 0 indiziert wird, ist
hier und auch im Folgenden stets gleichgültig.

Im nächsten Schritt werden das Zeichen E und die Zeichenmenge BI
zusammengefasst, da sie nun die geringsten relativen Häufigkeiten besitzen. Es
ergibt sich Tab. 4.3. Die zusammengefasste Zeichenmenge EBI verzweigt in E
und BI und der zugehörige Huffman-Teilbaum ist als Abb. 4.2 wiedergegeben.

Im nächsten Schritt werden die Zeichen N und S zusammengefasst. Es ergibt
sich Tab. 4.4 sowie ein Teilbaum gemäß Abb. 4.3.

Nun müssen die beiden Zeichenmengen NS und EBI zusammengefasst
werden. Dies resultiert in Tab. 4.5 sowie in einem Teilbaum gemäß Abb. 4.4.

Tab. 4.3 Relative
Häufigkeiten für die
Huffman-Codierung nach
zweiter Zusammenfassung

Zeichen	Rel. Häufigkeit
A	0,40
EBI	0,24
N	0,19
S	0,17

Abb. 4.2 Huffman-
Teilbaum bei zweiter
Zusammenfassung

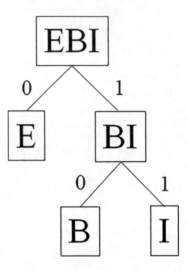

Tab. 4.4 Relative
Häufigkeiten für die
Huffman-Codierung nach
dritter Zusammenfassung

Zeichen	Rel. Häufigkeit
A	0,40
NS	0,36
EBI	0,24

Die letzte Zusammenfasssung von A und NSEBI führt schließlich auf den kompletten Hufmann-Baum, wie er in Abb. 4.5 ausgehend von seiner Wurzel ANSEBI dargestellt ist, sozusagen kopfüber nach unten über seine Äste, Zweige bis hin zu seinen Blättern A, N, S, E, B und I.

Man bestimmt nun die Codierung für jedes Zeichen anhand des Huffman-Baums, indem man den Pfad von der Wurzel bis zum jeweiligen Blatt

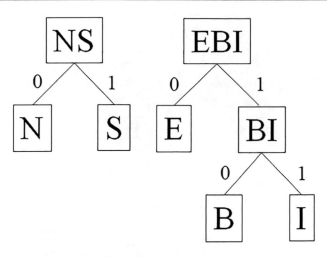

Abb. 4.3 Huffman-Teilbaum bei dritter Zusammenfassung

Tab. 4.5 Relative Häufigkeiten für die Huffman-Codierung nach vierter Zusammen-fassung

Zeichen	Rel. Häufigkeit
NSEBI	0,60
A	0,40

verfolgt, auf dem das gewünschte Zeichen steht. Dabei liest man entlang des Pfades die Bit-Werte ab. In unserem Beispiel ergibt sich.

A   0
N   100
S   101
E   110
B   1110
I   1111

Unser Beispieltext ANANASBANANENEIS hat daher die Huffman-Codierung

0 100 0 100 0 101 1110 0 100 0 100 110 100 110 1111 101,

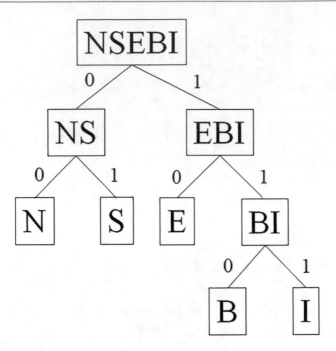

Abb. 4.4 Huffman-Teilbaum bei vierten Zusammenfassung

die damit natürlich wesentlich kürzer ist als die Digitalisierung mit den Bytes der
ASCII-Zeichen.

4.3   Präfixfreiheit und Güte der Huffman-Codierung

Wir haben in diesem Beispiel wieder nur der bessseren Lesbarkeit halber
die Zeichen durch Freiräume getrennt. In Wirklichkeit handelt es sich dabei
immer um einen kontinuierlichen Bit-Strom, der also kein wie auch immer
geartetes Trennzeichen enthält, das die Stellen markieren könnte, wo das eine
Zeichen endet und das nächste beginnt. Dies funktioniert deshalb, weil die
Huffman-Codierung im Gegensatz zum Morse-Alphabet präfixfrei ist. Dies kann
man einerseits anhand unseres Beispiels überprüfen. Man kann sich das aber auch
allgemein daran klarmachen, dass die Zeichen stets durch die Endpunkte, also
die Blätter eines Huffman-Baums bestimmt sind. Somit kann die Bit-Folge eines
Zeichens nie der Beginn der Bit-Folge eines anderen Zeichens sein.

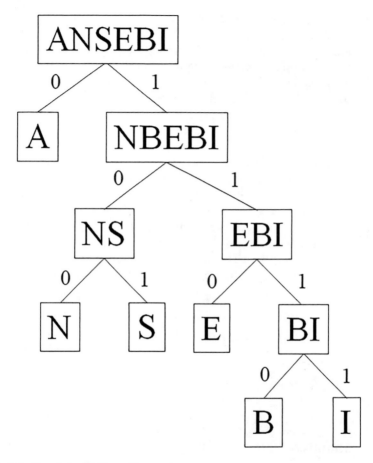

Abb. 4.5 Kompletter Huffman-Baum

Zur Decodierung einer Huffman-Codierung ist stets die Zuordnung der
Zeichen zu ihren digitalen Codierungen erforderlich. Sie muss daher zusammen
mit der komprimierten Datei gesendet bzw. abgespeichert werden und vergrößert
somit die komprimierte Datei ein wenig. Beim Decodieren wird auf Basis der
Zuordnungstabelle zunächst wieder der Huffman-Baum aufgebaut. Mit der
empfangenen bzw. ausgelesenen Bit-Folge wird dann ausgehend von der Wurzel
der entsprechende Pfad im Baum durchgelaufen, bis man am Ende auf dem Blatt
das erste Zeichen ablesen kann. Nun kann man ohne die Notwendigkeit eines

Trennzeichens zur Decodierung des nächsten Zeichens wieder direkt mit dem nächsten Bit an der Wurzel beginnen.

Wir haben oben erwähnt, dass die Huffman-Codierung die beste und daher auch heute noch wichtigste Entropiecodierung ist. Um dies zu verstehen, müssen wir ein wenig ausholen und betrachten eine beliebige Entropiecodierung C. Weiterhin sei $\rho(z)$ die relative Häufigkeit des Zeichens z in einer Datei und $\lambda_C(z)$ die Bit-Länge von z unter der Codierung C. Dann bezeichnet.

$E_C = \sum \lambda_C(z) \cdot \rho(z)$, wobei die Summe über alle Zeichen z des Dokuments läuft,

den **Erwartungswert** für die Bit-Länge unter der Codierung C. Der Erwartungswert ist also die mit den relativen Häufigkeiten gewichtete, mittlere Bit-Länge bei Codierung mit C. Je effektiver eine Entropiecodierung C komprimiert, umso kleiner ist ihr Erwartungswert E_C. Man kann allgemein zeigen, dass die Huffman-Codierung stets die Entropiecodierung mit dem kleinsten Erwartungswert ist.

Wir wollen für unsere Beispieldatei mit den sechs Großbuchstaben A, N, S, E, B und I den Erwartungswert E_H für die Huffman-Codierung C = H ausrechnen.

$$E_H = \lambda_H(A)\rho(A) + \lambda_H(N)\rho(N) + \lambda_H(S)\rho(S) + \lambda_H(E)\rho(E) + \lambda_H(B)\rho(B) + \lambda_H(I)\rho(I)$$

$$= 1 \cdot 0{,}40 + 3 \cdot 0{,}19 + 3 \cdot 0{,}17 + 3 \cdot 0{,}12 + 4 \cdot 0{,}11 + 4 \cdot 0{,}01$$

$$= 0{,}40 + 0{,}57 + 0{,}51 + 0{,}36 + 0{,}44 + 0{,}04$$

$$= 2{,}32$$

Also ist die zu erwartende, mittlere Bit-Länge bei unserer mittels H komprimierten Beispieldatei gleich 2,32.

4.4   Shannon-Fano-Codierung

Wir wollen uns nun auch die **Shannon-Fano-Codierung** genauer klar machen, ebenfalls eine Entropiecodierung, die von **Claude Shannon** (1916–2001) und **Robert Fano** (1917–2016) entwickelt wurde. Auch bei der Shannon-Fano-Codierung ist die Grundidee, einen binären Baum für die Darstellung der binären Zeichen aufzubauen, diesmal aber ausgehend von der Wurzel zu den Blättern hin.

Auch bei der Shannon-Fano-Codierung verwendet man bisweilen als Basis das abstrakte Zeichen „Byte", es können aber auch andere formale Bit-Muster, wie z. B. Zeichen aus 12 Bit, Zeichen unterschiedlicher Bit-Länge oder sogar nichtbinäre Zeichen zugrundegelegt werden. Wir erläutern das Vorgehen am

Tab. 4.6 Erste Partitionierung der Zeichen für die Shannon-Fano-Codierung

Zeichen	Rel. Häufigkeit	1. Part
A	0,40	1
N	0,19	
S	0,17	2
E	0,12	
B	0,11	
I	0,01	

selben Beispiel, das wir auch für die Huffman-Codierung verwendet haben und verweisen dazu wieder auf Tab. 4.1. Bei der Shannon-Fano-Codierung werden die Zeichen in der Reihenfolge der Tabelle in zwei Teile partitioniert, die sich in ihrer relativen Häufigkeit möglichst wenig unterscheiden. Das Zeichen A allein in Bezug auf die restlichen N, S, E, B und I hat eine relative Häufigkeit von 0,40 zu 0,60, die beiden Zeichen A und N zusammen haben aber in Bezug auf S, E, B und I eine relative Häufigkeit von 0,59 zu 0,41. Also wird diese Partition der Zeichen gewählt, was in Tab. 4.6 entsprechend vermerkt ist.

Gleichzeitig wird sukzessive ein Baum von seiner Wurzel ANSEBI her konstruiert. Bei der Wurzel verzweigen die Zeichen in ihre beiden Partitionen, wobei die Verbindung links mit 0 und rechts mit 1 indiziert werden, wie in Abb. 4.6 gezeigt. Welche der beiden Partitionen mit 0 und 1 indiziert wird, ist hier und im Folgenden jeweils gleichgültig.

Nun werden die beiden entstandenen Partitionen noch weiter zerlegt. Die erste kann nur in zwei Teile mit jeweils einem Zeichen zerlegt werden, was in Tab. 4.7 visualisiert wird. Bei der zweiten hat das erste Zeichen S in Bezug auf die drei letzten Zeichen E, B und I eine relative Häufigkeit von 0,17 zu 0,24, S und E in Bezug auf B und I jedoch 0,29 zu 0,12. Somit wird die erste Variante gewählt und gemäß Tab. 4.7 weiter partitioniert.

Abb. 4.6 Shannon-Fano-Teilbaum bei der ersten Partitionierung

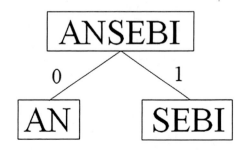

Zeichen	Rel. Häufigkeit	1. Part	2. Part
A	0,40	1	1.1
N	0,19		1.2
S	0,17	2	2.1
E	0,12		2.2
B	0,11		
I	0,01		

Tab. 4.7 Zweite Partitionierung der Zeichen für die Shannon-Fano-Codierung

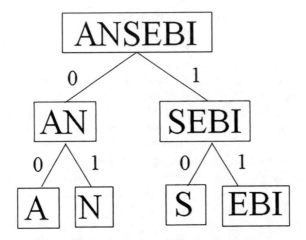

Abb. 4.7 Shannon-Fano-Teilbaum bei der zweiten Partitionierung

Gleichzeitig wird der Baum um die entstandenen Partitionen ergänzt, wobei wieder die beiden Verbindungen links mit 0 und die rechts mit 1 indiziert werden, wie Abb. 4.7 zeigt.

Jetzt müssen noch die drei letzten Zeichen aufgeteilt werden, und dies geschieht so, wie dies in Tab. 4.8 visualisiert ist.

Hieraus ensteht in Abb. 4.8 der Shannon-Fano-Baum bei der dritten Partionierung.

Letztlich können nur noch die beiden letzten Zeichen aufgeteilt werden, wie dies in Tab. 4.9 visualisiert wird.

Tab. 4.8 Dritte Partitionierung der Zeichen für die Shannon-Fano-Codierung

Zeichen	Rel. Häufigkeit	1. Part	2. Part	3. Part
A	0,40	1	1.1	1.1
N	0,19		1.2	1.2
S	0,17	2	2.1	2.1
E	0,12		2.2	2.2.1
B	0,11			2.2.2
I	0,01			

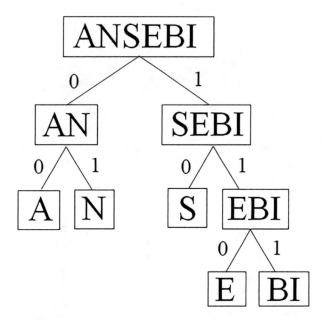

Abb. 4.8 Shannon-Fano-Teilbaum bei der dritten Partitionierung

Dies schließlich liefert den kompletten Shannon-Fano-Baum gemäß Abb. 4.9. Der Shannon-Fano-Baum wurde also ebenfalls kopfüber, aber von der Wurzel zu den Blättern hin aufgebaut.

Die Shannon-Fano-Codierung ergibt sich wiederum aus dem Pfad von der Wurzel bis zum jeweiligen Blatt. Konkret heißt das für die Digitalisierung:

Tab. 4.9 Vierte Partitionierung der Zeichen für die Shannon-Fano-Codierung

Zeichen	Rel. Häufigkeit	1. Part	2. Part	3. Part	4. Part
A	0,40	1	1.1	1.1	1.1
N	0,19		1.2	1.2	1.2
S	0,17	2	2.1	2.1	2.1
E	0,12		2.2	2.2.1	2.2.1
B	0,11			2.2.2	2.2.2.1
I	0,01				2.2.2.2

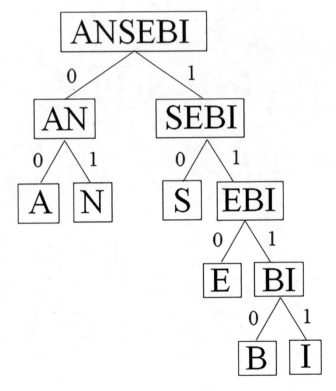

Abb. 4.9 Vollständiger Shannon-Fano-Baum

A   00
N   01
S   10
E   110
B   1110
I   1111

Unser Beispieltext ANANASBANANENEIS hat daher die Shannon-Fano-Codierung

$$00\,01\,00\,01\,00\,10\,1110\,00\,01\,00\,01\,110\,01\,110\,1111\,10,$$

die damit natürlich auch wesentlich kürzer ist als die Digitalisierung mit den Bytes der ASCII-Zeichen.

4.5   Güte der Shannon-Fano-Codierung

Vergleicht man die Bit-Länge der Shannon-Fano- und der Huffman-Codierung unseres Beispieltextes, so ist Shannon-Fano kürzer und erscheint daher „besser", obwohl wir oben behauptet haben, dass eigentlich die Huffman-Codierung stets die bessere ist. Dies liegt an der Tatsache, dass bei dem Textausschnitt ANANASBANANENEIS die relative Häufigkeit der Buchstaben ganz anders verteilt ist als unsere Annahme an die Gesamtdatei. Der Kunsttext A$\ldots_{40}\ldots$ AN$\ldots_{19}\ldots$NS$\ldots_{17}\ldots$SE$\ldots_{12}\ldots$EB$\ldots_{11}\ldots$BI, wobei die tiefgestellten Zahlen die Anzahl der jeweils angrenzenden Buchstaben bezeichnen sollen, ist hingegen exakt nach der Häufigkeitsverteilung unserer Gesamtdatei aufgebaut. Für diesen Kunsttext ist dann auch die Huffman-Codierung um 4 Bit kürzer als die Shannon-Fano-Codierung, wie man sich leicht überzeugen kann.

Wir wollen auch für die Shannon-Fano-Codierung C = SF den Erwartungswert für unsere Beispieldatei ausrechnen und uns davon überzeugen, dass er etwas größer als der der Huffman-Codierung ist.

$$E_{SF} = \lambda_{SF}(A)\rho(A) + \lambda_{SF}(N)\rho(N) + \lambda_{SF}(S)\rho(S) + \lambda_{SF}(E)\rho(E) + \lambda_{SF}(B)\rho(B) + \lambda_{SF}(I)\rho(I)$$

$$= 2 \cdot 0{,}40 + 2 \cdot 0{,}19 + 2 \cdot 0{,}17 + 3 \cdot 0{,}12 + 4 \cdot 0{,}11 + 4 \cdot 0{,}01$$

$$= 0{,}80 + 0{,}38 + 0{,}34 + 0{,}36 + 0{,}44 + 0{,}04$$

$$= 2{,}36$$

Bei Dateien mit anders verteilten relativen Häufigkeiten kann es auch durchaus vorkommen, dass die Huffman- und Shannon-Fano-Codierungen gleich sind, also auch gleichen Erwartungswert besitzen.

Wörterbuchcodierungen

5

Wir haben uns bereits in Kap. 3. die Datenkompression mithilfe von Wörterbuchcodierung an einem einfachen Beispiel klar gemacht. Die auch heute noch wichtigsten Wörterbuchcodierungen sind jedoch die **Lempel–Ziv-Codierungen,** die auf Arbeiten von **Abraham Lempel** (geb. 1936) und **Jacob Ziv** (geb. 1931) zurückgehen und mehrfach von anderen Wissenschaftlern erweitert und modifiziert wurden.

5.1 Wörterbuchcodierungen LZ77 und LZSS

Wir wollen jetzt die erste Lempel–Ziv-Codierung beschreiben, die wegen ihres Ursprungsjahres 1977 auch **LZ77** genannt wird. Die Idee bei der LZ77-Kompression besteht wieder darin, die bereits verarbeitete Zeichenfolge einer Datei als Wörterbuch zu verwenden. Allerdings muss man in der Praxis die Größe dieses Wörterbuchs beschränken, um die Suche nicht zu aufwendig werden zu lassen. Man nutzt daher ein sog. **gleitendes Fenster,** welches sowohl den aktuellen Wörterbuchpuffer, als auch den Vorschaupuffer des nächsten zu betrachtenden Dateiausschnitts umfasst. Die Zeichenkette der Datei wird gemäß Abb. 5.1 nach und nach von rechts in den Vorschaupuffer geschoben und die verarbeiteten Zeichen werden anschließend weiter vom Vorschaupuffer in das Wörterbuch weitergereicht. Bei jedem solchen Takt erfolgt die Verschiebung um die Länge der gefundenen Übereinstimmung im Wörterbuch plus einer weiteren Position. Auch bei LZ77 verwendet man häufig formal als Basis das abstrakte Zeichen „Byte", wenngleich auch Zeichen anderer Bit-Länge verwendet werden können. In der Praxis kann das Wörterbuch aus Laufzeitgründen mehrere tausend Byte, der Vorschaupuffer hingegen nur bis zu 100 Byte umfassen.

O. Manz, *Gut gepackt – Kein Bit zu viel,* essentials, https://doi.org/10.1007/978-3-658-31216-9_5

Wörterbuch   **Vorschau**

Abb. 5.1 Wörterbuch- und Vorschaupuffer für Lempel–Ziv-Codierung LZ77

Die Codierung erfolgt in einer Folge von Tripeln (π, λ, μ), wobei π für die Position, λ für die Länge und μ für das sog. **Mismatch-Zeichen** stehen. Wie diese Werte bestimmt werden, machen wir uns am besten wieder anhand unseres Beispieltextes ANANASBANANENEIS klar, der also aus den ASCII-Zeichen „Großbuchstaben" mit jeweils einem Byte besteht. Die Vorschau- und Wörterbuchpuffer wählen wir von Länge 5 bzw. 12 Zeichen. Alle Codierungsschritte sind in Abb. 5.2 aufgelistet. Wir vergleichen nun in jedem Schritt die Zeichenfolge im Vorschaupuffer von links beginnend mit Einträgen im Wörterbuch. Das erste Zeichen A im Puffer ist natürlich noch nicht im Wörterbuch vorhanden, also ist es ein **Mismatch-Zeichen,** das nämlich keinen Treffer liefert. Für solche einzelnen Zeichen wird das Tripel (π, λ, μ) = (0, 0, A) verwendet und ausgegeben. Wegen 0 Übereinstimmungen mit dem Wörterbuch wird um $0+1=1$ Position weiter geschoben. Das nächste Zeichen N ereilt das gleiche Schicksal, also erfolgt die Ausgabe (0, 0, N). Beim nächsten Takt sind wir erfolgreicher. Die Folge AN links im Vorschaupuffer hat eine Übereinstimmung mit dem Wörterbuch, und zwar beginnt die Übereinstimmung auf Position 2 des Wörterbuchs und ist 2 Zeichen lang. Das nächste Mismatch-Zeichen bzgl. dieser Übereinstimmung ist das A an dritter Stelle im Vorschaupuffer, als Ausgabe-Tripel ergibt sich (π, λ, μ) = (2, 2, A) und wir schieben um $2+1=3$ Stellen weiter. Bei den nächsten beiden Takten führen die Buchstaben S und B zu den Ausgabe-Tripeln (0, 0, S) und (0, 0, B). Danach wird es wieder interessanter: Jetzt haben wir eine Übereinstimmung der links im Vorschaupuffer stehenden Zeichenkette ANAN, und zwar mit der Stelle

Ausgabe Text	12	11	10	9	8	7	6	5	4	3	2	1	Vorschau (5 Zeichen)	Eingabe Text	Ausgabe LZ77	Ausgabe LZSS
													A N A N A	S B A N A N E N E I S	(0,0,A)	A
												A	N A N A S	B A N A N E N E I S	(0,0,N)	N
											A	N	A N A S B	A N A N E N E I S	(2,2,A)	(2,2,A)
								A	N	A	N	A	S B A N A	N E N E I S	(0,0,S)	S
							A	N	A	N	A	S	B A N A N	E N E I S	(0,0,B)	B
						A	N	A	N	A	S	B	A N A N E	N E I S	(7,4,E)	(7,4,E)
	A	N	A	N	A	S	B	A	N	A	N	E	N E I S		(2,2,I)	(2,2,I)
A N A	N	A	S	B	A	N	A	N	E	N	E	I	S		(10,1,*eor*)	S
A N A N	A	S	B	A	N	A	N	E	N	E	I	S			*fertig*	

Abb. 5.2 Beispiel für LZ77- und LZSS-Codierung

7 im Wörterbuch und der Länge 4. Weil E das nächste Mismatch-Zeichen ist, erfolgt die Ausgabe von (7, 4, E). Im nächsten Schritt hat die Zeichenkette NE eine Übereinstimmung, und zwar an der Stelle 2 von Länge 2, mit Mismatch-Zeichen I. Ausgegeben wird daher (2, 2, I). Letztlich führt der Buchstabe S auf das Ausgabe-Tripel (10, 1, *EOT*) mit dem Steuerzeichen *EOT* (End of Transmission) als Mismatch-Zeichen, da nach S kein weiterer Buchstabe folgt.

Die Codierung unseres Textes ANANASBANANENEIS besteht also aus der Aneinanderreihung der in der Spalte LZ77 der Abb. 5.2 aufgeführten Tripel, nämlich (0,0,A)(0,0,N)(2,2,A)(0,0,S)(0,0,B)(7,4,E)(2,2,I)(11,1,*EOT*).

Wenn man das Ganze digitalisiert, dann kommen wir bei der Größe unseres Wörterbuchs für π und λ als Binärzahl interpretiert mit jeweils vier Bit aus, das ASCII-Zeichen μ benötigt ein Byte. Die digitalisierte LZ77-Codierung lautet also in unserem Beispiel

0000 0000 0100 0001 0000 0000 0100 1110 0010 0010 0100 0001 0000 0000 0101 0011

0000 0000 0100 0010 0111 0100 0100 0101 0010 0010 0100 1001 1011 0001 0000 0100

Man stellt also fest, dass der digitalisierte Text ANANASBANANENEIS mit seinen 16 ASCII-Zeichen, also insgesamt 16 Byte, genauso gut gewesen wäre wie die Codierung mit 8 LZ77-Zeichen, und damit ebenfalls mit 16 Byte. Wird noch seltener als in unserem Beispiel eine Übereinstimmung gefunden, so kann eine Datei bei LZ77 sogar wachsen. Eine signifikante Kompression kommt in der Regel erst bei größeren Datein zustande, bei denen mehr Übereinstimmungen längerer Zeichenketten zu erwarten sind.

Um diesem Problem entgegenzuwirken, haben **James Storer** (geb. 1953) und **Thomas Szymanski** (geb. 1946) vorgeschlagen, nur bei Übereinstimmungen, deren Länge λ eine gewissen, festlegbare „Schmerzgrenze" überschreiten, die LZ77-Codierung anzuwenden. Bei Übereinstimmungen bis zur Länge λ sollen dagegen die ursprünglichen ASCII-Zeichen unverändert erhalten bleiben. Wir illustrieren die Vorgehensweise wiederum anhand unseres Beispieltextes ANANASBANANENEIS und legen als „Schmerzgrenze" die Länge $\lambda = 1$ fest. Dann ergibt das Verfahren, wie in der Spalte LZSS der Abb. 5.2 zu sehen, die Codierung A N (2,2,A) S B (7,4,E) (2,2,I) S.

Bei der Digitalisierung muss dabei aber durch ein zusätzliches Bit, einen sog. **Flag,** gekennzeichnet werden, ob es sich jeweis um ein ursprüngliches ASCII-Zeichen (Flag = 0) oder um ein LZ77-Zeichen (Flag = 1) handelt. Die digitalisierte Codierung lautet daher:

0 0100 0001 0 0100 1110 1 0010 0010 0100 0001 0 0101 0011 0 0010 00010

1 0111 0100 0100 0101 1 0010 0010 0100 1001 0 0101 0011

Dies sind nur 96 Bit, und die Codierung ist besser als die ursprünglichen 128 Bit. Das von Storer und Szymanski modifizierte LZ77-Verfahren ist unter dem Namen **LZSS** bekannt und wird in dieser Variante auch meist eingesetzt.

5.2   Decodierung von LZ77 und LZSS

Die Decodierung von LZ77 bzw. LZSS ist einfach. Mit jedem eingehenden LZ77- bzw. LZSS-Zeichen wird der Ausgangstext über das Schema gemäß Abb. 5.3 sukzessive wieder aufgebaut. Bei LZ77-Zeichen der Form $(0, 0, \mu)$ bzw. bei ASCII-Zeichen im Falle von LZSS kann man die ASCII-Zeichen des Ausgangstextes direkt ablesen. Bei Verweisen auf Zeichenketten kann man die ASCII-Zeichen des Ausgangstextes über die Position im Wörterbuch und die Zeichenlänge rekonstruieren. In unserem Beispiel folgert man etwa aus dem Tripel (2, 2, A), dass die Zeichenkette im Wörterbuch ab Position 2 von Länge 2 zu nehmen ist, also AN, und dass daher die gesamte neue Teilsequenz ANA lautet, die ihrerseits weiter in das Wörterbuch zu schieben ist. Bei (7, 4, E) steht die gesuchte Zeichenkette im Wörterbuch ab Position 7 mit Länge 4, also ANAN, und daher lautet die gesamte neue Teilsequenz ANANE. Bei (2, 2, I) ergibt sich entsprechend als neue Teilsequenz NEI. Schließlich ist für (10, 1, *EOT*) der Buchstabe S an Position 10 im Wörterbuch zu nehmen und *EOT* zeigt lediglich das Ende des Textes an.

Ausgabetext				Wörterbuch												Eingabe	Eingabe
				12	11	10	9	8	7	6	5	4	3	2	1	LZ77	LZSS
															A	(0,0,A)	A
														A	N	(0,0,N)	N
											A	N	A	N	A	(2,2,A)	(2,2,A)
										A	N	A	N	A	S	(0,0,S)	S
									A	N	A	N	A	S	B	(0,0,B)	B
				A	N	A	N	A	S	B	A	N	A	N	E	(7,4,E)	(7,4,E)
	A	N	A	N	A	S	B	A	N	A	N	E	N	E	I	(2,2,I)	(2,2,I)
A	N	A	N	A	S	B	A	N	A	N	E	N	E	I	S	(10,1,*EOT*)	S

Abb. 5.3 Beispiel für LZ77- und LZSS-Decodierung

5.3 ZIP-Format und DEFLATE-Verfahren

Das **ZIP**-Dateiformat wurde ursprünglich von **Phil Katz** (1962–2000) entwickelt. Heute gibt es eine ganze Reihe von Standardprogrammen zur Erzeugung und Bearbeitung von ZIP-Archiven wie z. B. WinZip, 7-Zip oder PKZIP. ZIP-Archive werden als Containerdatei genutzt, in die mehrere zusammengehörige Dateien oder auch ganze Verzeichnisbäume gepackt werden können. Dabei werden die Daten in ZIP-Archiven in komprimierter Form abgelegt. Das von Phil Katz hierzu entwickelte Kompressionsprogramm heißt **DEFLATE**. Es ist eine Kombination aus LZSS- und Huffman-Codierung und geht in zwei Schritten vor.

- Zunächst findet eine Wörterbuchcodierung statt, bei der über ein gleitendes Fenster mehrfach auftretende Zeichenketten mittels LZSS gesucht und ersetzt werden.
- Anschließend wird eine Entropiecodierung durchgeführt, bei der die LZSS-Zeichen mittels Huffman-Codierung durch möglichst kurze Bit-Strings entsprechend der Häufigkeit ihres Auftretens ersetzt werden.

Die Dateien eines ZIP-Archivs werden dabei einzeln komprimiert. Das ermöglicht zwar einerseits eine flexible Handhabung beim Löschen und Hinzufügen von Dateien, hat aber andererseits den Nachteil, dass Korrelationen zwischen den Dateien bei der Kompression nicht berücksichtigt werden können.

DEFLATE wird auch beim **PDF-Dateiformat** (Portable Document Format) standardmäßig zur Datenkompression eingesetzt. Es ist außerdem das gebräuchliche Verfahren bei komprimierter Übertragung per **HTTP**-Format (Hypertext Transfer Protocol) auf Internetseiten.

5.4 Wörterbuchcodierungen LZ78 und LZW

Wir kommen nun zu einem zweiten Kompressionsverfahren von Lempel und Ziv, dem im Jahr 1978 entstandenen **LZ78**-Verfahren. **Terry Welch** (1939–1988) hat die Methode weiter optimiert, so dass das heute gängige Verfahren **LZW** genannt wird, welches wir gleich in dieser Form beschreiben wollen.

LZW beruht wieder auf der Verwendung eines Wörterbuchs, jedoch nutzt es hierfür keinen Puffer aus vorangegangenen Zeichen wie LZSS, sondern es baut ein solches dynamisch auf. Im Wörterbuch sammeln sich sukzessive die am häufigsten vorkommenden Zeichenfolgen und werden in der Codierung dann nur noch als ganzes angesprochen. Auch bei LZW nutzt man meist formal als Basis das abstrakte Zeichen „Byte". Bei Texten kann dann nämlich das Wörterbuch mit den 256 ASCII-Zeichen, genauer gesagt mit den zugehörigen Binärzahlen 0 bis 255 initialisiert werden. Bei allgemeineren, auf Bytes basierenden Dateien wie zum Beispiel Grafiken und Musik verwendet man stattdessen abstrakt die 256 verschiedenen Bytes als Initialisierung des Wörterbuchs. Beim dynamischen Aufbau von Zeichenfolgen größerer Länge zählt man anschließend im Wörterbuch ab 256 schrittweise hoch. Hierbei sind jedoch nur Binärzahlen zulässig, denen Bit-Strings aus 12 Bit entsprechen. Denn bei mehr als $2^{12} = 4.096$ Einträgen im Wörterbuch dauert die Codierung sowie auch die Decodierung einer Datei einfach zu lange.

Das LZW-Verfahren überprüft also beim Codieren eines Dateiinhalts die gerade aktuelle Zeichensequenz so viele Stellen lang auf Übereinstimmungen mit dem aktuellen Wörterbuch, bis bei diesen Vergleichen kein Treffer mehr gefunden wird. Dabei wird die im Wörterbuch hinterlegte Binärzahl dieser maximalen Treffersequenz als Codierung ausgegeben. Außerdem wird diese Zeichensequenz um das nächste Zeichen erweitert und dem Wörterbuch unter der nächsten freien Binärzahl hinzugefügt. Abb. 5.4 zeigt die LZW-Codierung für unseren Beispieltext ANANASBANANENEIS, der dort Sequenz für Sequenz abgearbeitet wird. Im dritten Schritt beispielsweise findet man AN unter der Nummer 256 im Wörterbuch und 256 wird daher als LZW-Codierung ausgegeben. Die Zeichenfolge ANA wird gleichzeitig unter der nächsten laufenden Nummer 258 ins Wörterbuch aufgenommen. Im siebten Schritt ist dann die Zeichenfolge ANA

Text																gefundener Wörterbuch Eintrag	Ausgabe LZW	neuer Wörterbuch Eintrag
A	N	A	N	A	S	B	A	N	A	N	E	N	E	I	S	A = 65	65	AN = 256
N	A	N	A	S	B	A	N	A	N	E	N	E	I	S		N = 78	78	NA = 257
A	N	A	S	B	A	N	A	N	E	N	E	I	S			AN = 256	256	ANA = 258
A	S	B	A	N	A	N	E	N	E	I	S					A = 65	65	AS = 259
S	B	A	N	A	N	E	N	E	I	S						S = 83	83	SB = 260
B	A	N	A	N	E	N	E	I	S							B = 66	66	BA = 261
A	N	A	N	E	N	E	I	S								ANA = 258	258	ANAN = 262
N	E	N	E	I	S											N = 78	78	NE = 263
E	N	E	I	S												E = 69	69	EN = 264
N	E	I	S													NE = 263	263	NEI = 265
I	S															I = 73	73	IS = 266
S																S = 83	83	fertig

Abb. 5.4 Beispiel für LZW-Codierung

mit der Nummer 258 bereits im Wörterbuch vorhanden, so dass als deren LZW-Codierung 258 ausgegeben werden kann. Gleichzeitig wandert ANAN unter der Nummer 262 ins Wörterbuch.

Bei der digitalisierten Ausgabe der komprimierten Zeichenfolge unterscheidet man wieder per Flag, ob es sich um ein ASCII-Zeichen mit 8 Bit handelt (Flag 0) oder um eine längere Zeichenfolge mit 12 Bit (Flag 1). Für unseren Beispieltext ANANASBANANENEIS ergibt sich die digitale LZW-Codierung

0 0100 0001 0 0100 1110 1 0001 0000 0000 0 0100 0001 0 0101 0011 0 0100 0010

1 0001 0000 0010 0 0100 1110 0 0100 0101 1 0001 0000 0111 0 0100 1001 0 0101 0011

Die LZW-Codierung des Textes ANANASBANANENEIS umfasst also 120 Bit, und ist gegenüber dem Ursprungstext mit seinen 16 ASCII-Zeichen, also 128 Bit, nur unwesentlich besser. Auch bei LZW kommt eine signifikante Kompression in der Regel erst bei größeren Datein zustande, bei denen mehr Übereinstimmungen längerer Zeichenketten mit dem Wörterbuch zu erwarten sind.

5.5   Decodierung von LZW

Speichert bzw. sendet man bei LZW das Wörterbuch mit, wie etwa den Huffman – oder Shannon-Fano-Baum, dann lässt sich LZW natürlich direkt per Nachschlag im Wörterbuch decodieren.

In der Praxis wird jedoch das Wörterbuch zwar während der Codierung temporär aufgebaut, aber nicht explizit mit der Datei gespeichert bzw. gesendet. Man kann nämlich das bei der Codierung verwendete Wörterbuch aus der komprimierten Bit-Folge rekonstruieren. Man geht dabei vor, wie dies in Abb. 5.5 visualisiert ist. Die komprimierte Bit-Folge wird Zeichen für Zeichen verarbeitet und dabei schrittweise wieder das Wörterbuch aufgebaut. Entspricht das Eingabezeichen einem ASCII-Zeichen, so wird es als solches auch ausgegeben. Falls nicht wie etwa im siebten Schritt die Binärzahl 258, so wird diese im bislang aufgebauten Wörterbuch gesucht und die zugehörige Sequenz von ASCII-Zeichen ausgegeben, in diesem Fall also ANA. Das Wörterbuch wird dabei nach folgender Regel aufgebaut: Man nehme das erste ASCII-Zeichen in der Eingabesequenz, hänge es an die vorangegangene Ausgabesequenz an und übernehme diese Sequenz mit der nächsten Binärzahl in das Wörterbuch. Im siebten Schritt ist das erste ASCII-Zeichen in der Eingabesequenz A, die vorangegangene Ausgabesequenz lautet B, und somit wird die Sequenz BA mit

Eingabe-Zeichen	erstes Zeichen	neuer Wörterbuch Eintrag	Ausgabe-Zeichen
65 (= A)			A
78 (= N)	N	AN = 256	N
256	A	NA = 257	AN
65 (= A)	A	ANA = 258	A
83 (= S)	S	AS = 259	S
66 (= B)	B	SB = 260	B
258	A	BA = 261	ANA
78 (= N)	N	ANAN = 262	N
69 (= E)	E	NE = 263	E
263	N	EN = 264	NE
73 (= I)	I	NEI = 265	I
83 (= S)	S	IS = 266	S

Abb. 5.5 Beispiel für LZW-Decodierung

Binärzahl 261 neu ins Wörterbuch aufgenommen. Der Ausgabetext, der aus den in der Tabelle aufgeführten Ausgabezeichen zusammengesetzt wird, lautet wieder ANANASBANANENEIS.

Quantisierung

6.1 Irrelevanzreduktion, Quantisierung und Grafik-Formate

Bei den eben vorgestellten RLE-, Entropie- und Wörterbuchcodierungen handelt es sich wie bereits erwähnt um verlustfreie Kompression. Bei Fotos, Videos und Schall wie z. B. Musik hingegen nutzt man die eingeschränkte Auflösung des menschlichen Auges sowie die begrentzte menschliche Hörfähigkeit und lässt einfach in diesem Sinne irrelevante Information weg, führt also eine Irrelevanzreduktion durch. Damit errreicht man in der Regel eine verlustbehaftete Kompression. Wir haben das Vorgehen bereits in Kap. 3 am Beispiel der Rasterung und Quantisierung von Grafiken und Fotos näher erläutert. Leider müssen wir uns daher auch im Folgenden von unserem Standardbeispiel ANANASBANANENEIS verabschieden.

Hier sind zunächst zusammengefasst die gängigsten Formate für die Kompression von Grafiken und Fotos:

- **GIF** (Graphics Interchange Format)
- **PNG** (Portable Networks Graphics)
- **TIFF** (Tagged Image File Format)
- **JPEG** (Joint Photographic Experts Group)

JPEG wird vor allem für Fotos oder fotoähnliche Bilder genutzt. Für große einfarbige Flächen und harte Farbübergänge wie z. B. Balkengrafiken ist JPEG

O. Manz, *Gut gepackt – Kein Bit zu viel*, essentials, https://doi.org/10.1007/978-3-658-31216-9_6

weniger geeignet. PNG wurde als Ersatz für das ältere, sehr einfache GIF ent-
worfen, ist aber seinerseits weit weniger komplex als TIFF. Während daher
GIF und heute vor allem PNG häufig im Internet anzutreffen sind, werden
TIFF-Dateien als Druckvorstufe bei Verlagen genutzt.

Die Methode der Quantisierung bei PNG haben wir bereits in Kap. 3
erläutert. Bei PNG sowie auch bei TIFF wird neben der Quantisierung zusätzlich das Verfahren DEFLATE eingesetzt, das mit LZSS und Huffman-Codierung
arbeitet. Dabei wird bei LZSS auf die Bytes der quantisierten Helligkeitsstufen
im RGB-Farbraum aufgesetzt. Anschließend werden wieder die entstandenen
LZSS-Zeichen mittels Huffman-Codierung durch möglichst kurze Bit-Strings
entsprechend der Häufigkeit ihres Auftretens ersetzt.

Das Grafikformat GIF setzt nicht auf dem RGB-Farbraum auf, sondern es
nutzt eine Farbpalette mit bis zu $2^8 = 256$ verschiedenen Einzefarben. Diese
Farbpalette wird bei GIF je Datei individuell bestimmt und dieser Datei als
Information beigefügt. Abb. 6.1 zeigt schematisch ein Beispiel anhand der Farbpalette bei MS-Office. GIF nähert dann die ursprüngliche Farbe jedes Pixels
im Sinne einer Quantisierung durch den passendsten dieser Farbwerte an und
benötigt dadurch nur ein Byte je Pixel.

Anschließend könnte bei GIF eine RLE-Datenkompression durchgeführt
werden. Dabei würde bei in Folge identischer Pixel deren Farbwert nur einmal
zusammen mit der Anzahl gespeichert. Bei GIF wäre dies besonders effektiv,
da jedes Pixel durch eine der höchstens $2^8 = 256$ verschiedenen Farbstufen
angenähert wird und daher viele im Originalbild nur leicht unterschiedliche Farb-
bereiche bei GIF einem einzigen Farbwert entsprechen.

Jedoch dient als weitere Komponente zur Datenkopression bei GIF das
LZW-Verfahren. LZW setzt hier auf die Bytes der maximal 256 verschiedenen
Farbwerte auf und erzeugt auf diese Weise ein Farbwertewörterbuch, auf das bei
Farbsequenzen in der Datei jeweils nur verwiesen wird.

Abb. 6.1 Farbpalette am
Beispiel MS-Office

6.2 Fotoformat JPEG

Wir wollen nun das Vorgehen bei der JPEG-Datenkompression eines Farbfotos etwas genauer beschreiben, ohne auf alle Einzelheiten eingehen zu können, und orientieren uns dabei am Ablauf gemäß Abb. 6.2

Farbbilder beruhen ja meist auf dem RGB-Farbraum mit den Farbkanälen Rot (R), Grün (G) und Blau (B). Der Mensch nimmt jedoch geringe Helligkeits-unterschiede sehr viel stärker wahr als minimale Farbunterschiede. Zur Daten-kompression verwendet man daher gerne den sog. **YUV-Farbraum.** Dabei ist Y der Helligkeitskanal **(Luminanz),** der sich auf empirischer Basis gemäß $Y = 0{,}299 \cdot R + 0{,}587 \cdot G + 0{,}114 \cdot B$ berechnet. Folglich hat Grün den mit Abstand größten Einfluss auf das Helligkeitsempfinden. Übrig bleiben also die zwei Farb-kanäle **(Chrominanz)** U und V, die man im Wesentlichen als Unterschied von Blau und Rot zu Y darstellt, nämlich $U = 0{,}493 \cdot (B - Y)$ und $V = 0{,}877 \cdot (R - Y)$. Dieser Schritt innerhalb JPEG komprimiert die Daten nicht, sondern stellt sie nur in einer geeigneteren Form dar.

Durch die Entkopplung des Helligkeitskanals Y ist bei den verbliebenen beiden Farbkanälen U und V eine Irrelevanzreduktion möglich. Die Ortsauflösung des menschlichen Auges ist nämlich für Farben deutlich geringer als für Hellig-keitsübergänge. Daher wird U und V in reduzierter Auflösung gespeichert, indem jeweils zwei vertikal bzw. horizontal benachbarte Pixel zu einem „Vierer-Pixel" zusammengefasst werden und dabei für U bzw. V der Mittelwert verwendet wird. Dies komprimiert die Datenmenge von U und V verlustbehaftet um den Faktor 4.

Nun behandelt man die drei Kanäle Y, U, und V getrennt voneinander und zerlegt hierfür das Ausgangsbild in Blöcke von jeweils 8 mal 8 Pixel mit den zugehörigen Werten von Y, U bzw. V. Auf jeden dieser 8×8-Pixelblöcke wird nun eine Transformation ausgeübt, die rein technischer Natur ist und die die Daten auch nicht komprimiert, auf die wir jedoch in der vorliegenden Aus-arbeitung nicht genauer eingehen wollen und können. Sie heißt **DCT** (Diskrete Cosinus Transformation). Wichtig dabei ist jedoch, dass die neuen Werte jedes

Farbraum-Transformation	U,V: Verringerung Ortsauflösung	Y,U,V: Getrennte Bearbeitung	Quantisierungs-Matrix	RLE-Codierung	Y,U,V: Huffman Codierung
		Bildunterteilung in 8x8-Pixel-Blöcke & DCT-Transformation	Division und Rundung der Y,U,V-Werte in 8x8-Blöcken	Zick-Zack bei Y,U,V-Werten in 8x8-Blöcken: Viele Werte = 0	Huffman Blocküber-greifend für Y,U,V
	Für U, V: Pixelanzahl 4-fach reduziert				
RGB → YUV					

Abb. 6.2 Ablaufschema bei JPEG-Kompression

Tab. 6.1 Beispiel einer JPEG-Quantisierungsmatrix

8	16	19	22	26	27	29	34
16	16	22	24	27	29	34	37
19	22	26	27	29	34	34	38
22	22	26	27	29	34	37	40
22	26	27	29	32	35	40	48
26	27	29	32	35	40	48	58
26	27	29	34	38	46	56	69
27	29	35	38	46	56	69	83

8×8-Pixelblockes von links oben nach rechts unten dem Betrag nach durchweg abnehmen.

Im nächsten Schritt dividiert man die Werte der unter DCT transformierten 8×8-Pixelblöcke durch die Einträge einer festen 8×8-Quantisierungsmatrix. Die Einträge dieser 8×8-Quantisierungsmatrizen sind für die Luminanz Y und die Chrominanzen U und V unterschiedlich und berücksichtigen die Farb- und Helligkeitsempfindlichkeit des menschlichen Auges. Die JPEG-Kommission hat in umfangreichen subjektiven Testreihen auf empirischer Basis Vorgaben ermittelt. Allerdings lässt die JPEG-Norm auch zu, dass JPEG-Kompressionsprogramme eigene, aus Herstellersicht bessere 8×8-Quantisierungsmatrizen verwenden können. Tab. 6.1 zeigt hierzu ein Beispiel.

Nach Division durch die Quantisierungsmatrizen werden die entstandenen Werte der 8×8-Pixelblöcke ganzzahlig gerundet und damit quantisiert. Wie das Beispiel in Tab. 6.2 zeigt, ergeben sich dadurch viele Werte gleich 0 oder sie sind zumindest betragsmäßig sehr klein, und das insbesondere in der rechten unteren Hälfte.

Tab. 6.2 Beispiel für einen 8×8-Block nach Quantisierung

130	0	0	0	-1	0	0	0
-2	0	3	0	-1	0	0	0
2	3	0	-1	0	0	0	0
3	-1	-1	1	0	0	0	0
0	1	0	-1	0	0	0	0
-2	0	2	0	0	0	0	0
-1	-1	2	-1	0	0	0	0
0	0	0	-1	0	0	0	0

Abb. 6.3 Zick-Zack-RLE
bei JPEG

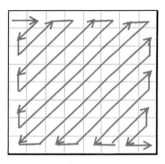

Jetzt durchläuft man die Werte jedes 8×8-Pixelblockes in einer Art Zick-Zack, wie dies in Abb. 6.3 visualisiert ist. Dabei reihen sich viele gleiche Werte, insbesondere solche gleich 0 in Folge auf, die somit mit dem RLE-Verfahren komprimiert werden können.

Letztlich führt man die bislang noch ganzzahligen Wertefolgen, die für jeden der 8×8-Pixelblöcke entstanden sind, blockübergreifend für das gesamte Bild zusammen. Hierauf wendet man die Huffman-Codierung an, in diesem Fall also für nichtdigitale Werte, was diese optimal digitalisiert und die Gesamtfolge noch weiter komprimiert.

Durch Zusammenführung der drei Kanäle Y, U und V entsteht schließlich das komplette, digitalisierte und komprimierte Bild.

6.3 Abtastung bei Videos

Bislang haben wir bei der Quantisierung von Fotos und Grafiken mithilfe eines Rasters aus Pixeln und digitalen Helligkeitsstufen nur auf eine Momentaufnahme geschaut. Bei Videos muss man aber noch zusätzlich die Zeitkomponente mitberücksichtigen. Man nimmt dabei eine Abtastung des Videosignals in diskreten zeitlichen Schritten vor, die man sich auch als **Zeitquantisierung** vorstellen kann und die prinzipiell zu einer weiteren Irrelevanzreduktion führt. Abb. 6.4 visualisiert das Vorgehen schematisch. Dabei wird also die Zeitachse in endlich viele Schritte einer vorgegebenen Länge zerlegt. Das analoge, grau gezeichnete Videosignal, das stellvertretend für den zeitlichen Verlauf des Gesamtbildes steht, wird ebenfalls für jeden Wert des Zeitrasters durch ein digitales Raster aus Pixeln und Helligkeitsstufen angenähert. So wird aus der analogen Kurve die digitale, blau gezeichnete Treppenkurve. Die Granularität der Zeitquantisierung wählt

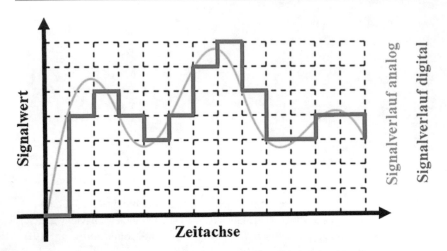

Abb. 6.4   Quantisierung eines analogen Signals über der Zeitachse

man wieder auf Basis menschlicher Sehfähigkeit. Je kürzer die Zeitintervalle gewählt werden, desto besser ist die Qualität, aber desto geringer ist auch die Kompression.

6.4   Videoformat MPEG-2

Kommen wir jetzt zu einem der wichtigsten Videostandards. Die Abkürzung **MPEG** (Moving Picture Experts Group) steht für eine Expertengruppe, die diverse Standards für Video- und Audioformate erarbeitet. Dabei hat insbesondere deren Standard **MPEG-2** große Verbreitung durch Video-DVDs und durch das Digitalfernsehen **DVB** (Digital Video Broadcasting) gefunden.

Grundsätzlich benutzt MPEG-2 das Fotoformat JPEG, um Einzelbilder (sog. **Frames**) komprimiert abzuspeichern. Obwohl der Standard zahlreiche Konfigurationen zulässt, so wird bei DVB und bei Video-DVDs der sog. Main-Level mit einer Auflösung von 720×576 Pixel pro Frame und einer Abtastrate von 25 Frames pro Sekunde genutzt. Beim HD-DVB verwendet man 1920×1080 Pixel.

Zusätzliches zur Zeitquantisierung wird bei Videoformaten wie eben auch bei MPEG-2 der sog. **Deltaabgleich** eingesetzt. Dabei speichert man nicht jeden Frame komplett für jeden einzelnen Schritt des Zeitrasters ab, sondern

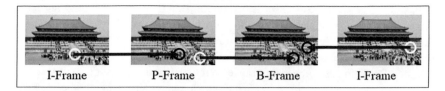

I-Frame   P-Frame   B-Frame   I-Frame

Abb. 6.5 Frametypen bei MPEG-2

bei einigen Frames, und dort zumindest für einige Pixelbereiche nur noch den Unterschied zu anderen Frames. Dadurch wird der benötigte Speicherplatz deutlich geringer als bei Speicherung der Absolutwerte. Man unterscheidet gemäß Abb. 6.5 folgende Frame-Typen: Der **I-Frame** (intra-coded) entspricht einem unabhängigen, komplett per JPEG codierten Einzelbild, während der **P-Frame** (predictive-coded) Differenzinformationen zu vorhergehenden I- oder P-Frames enthält. Der **B-Frame** (bidirectionally predictive-coded) letztlich enthält Differenzinformationen sowohl zu nachfolgenden, als auch ggf. zu vorhergehenden I- oder P-Frames.

6.5 Audioquantisierung und Audioformat CDA

Wir wollen nun noch auf die Quantisierung von Audiosignalen eingehen. Bei Tonaufnahmen werden über eine im Mikrofon angebrachte Membran Lautstärke und Frequenzen der ankommenden Schallwelle in ein elektrisches Signal umgewandelt. Dieses Audiosignal wird dann einer Quantisierung unterzogen. Wir erläutern den Sachverhalt näher anhand von Musik-CD's im CDA-Format, das bereits in Kap. 2 angesprochen wurde. Beim CDA-Format wird auf jedem der beiden Stereokanäle der Signalwert entsprechend seiner Stärke innerhalb eines Rasters einer natürlichen Zahl zwischen 0 und $2^{16} - 1 = 65.535$ zugeordnet, die wieder als Binärzahl eines Double-Byte interpretiert wird. Die Quantisierung reicht also von sehr schwach, nämlich 0000 0000 0000 0000 und 0000 0000 0000 0001 bis sehr stark, nämlich 1111 1111 1111 1110 und 1111 1111 1111 1111. Man spricht von einem **Audio Sample.** Die Visualisierung des Vorgehens findet sich bereits in Abb. 2.2. Also handelt es sich bei den Ausführungen in Kap. 2 auch beim Schall nicht nur um eine „reine" Digitalisierung, sondern gleichzeitig um eine Quantisierung.

In Kap. 2 sind wir allerdings noch nicht auf die Zeitkomponente beim Schall eingegangen. Für die Zeitquantisierung verwendet man beim CDA-Format eine

Abtastrate von 44.100 Schritten pro Sekunde. Der Grund hierfür liegt am sog. Abtasttheorem von Shannon-Nyquist, das besagt, dass man das ursprüngliche Audiosignal sogar ohne Verlust rekonstruieren kann, wenn man mit mindestens der doppelten Rate bezogen auf den Frequenzbereich des eingehenden Schalls abtastet. Da die menschliche Hörfähigkeit auf Schallfrequenzen von ca. 20 Hz bis nach oben ca. 22 kHz (d. h. 22.000 Schallschwingungen pro Sekunde) beschränkt ist, führt in diesem Fall die Quantisierung zumindest für menschliche Ohren zu einer verlustfreien Kompression. Bei CDA werden jedoch keine weiteren Methoden zur Datenkompression eingesetzt, da auf eine CD mit 700 MByte Speichervolumen ohnehin etwa 70–80 min Musik im CDA-Format passen.

Im Übrigen kann man mittels sog. **DFT** (Diskrete Fourier-Transformation), auf die wir hier nicht eingehen können, aus der Audiosignalkurve die Lautstärken der einzelnen, darin enthaltenen Schallfrequenzen herausfiltern.

6.6   Irrelevanzreduktion und Audioformat MP3

Während also die handelsüblichen Musik-CDs mit ihrem CDA-Format akustische Irrelevanzreduktion (sog. **Psychoakustik**) nur in sehr geringem Maße nutzen, liegt die Sache ganz anders beim Audioformat **MP3**. Die Bezeichnung leitet sich als Kurzform von **MPEG-2 Audio Layer III** ab. MP3 wird neben der ursprünglichen Intention als Tonspur des Videoformats MPEG-2 häufig auch verselbständigt bei mobilen MP3-Playern oder Musikübertragungen im Internet eingesetzt.

Bei MP3 schlägt man also dem menschlichen Ohr „ein Schnippchen", indem man dessen Schwächen mithilfe der **Psychoakustik** austrickst. Hier sind einige wesentliche Aspekte:

- Man filtert Schallfrequenzen heraus, die unterhalb (ca. 20 Hz) oder oberhalb (ca. 22 kHz) der Hörschwelle liegen.
- Man unterdrückt Schallsignale, wenn sie entweder unerträglich laut für das menschliche Gehör, oder zu leise sind, um überhaupt wahrgenommen zu werden.
- Außerdem sind Geräusche irrelevant, wenn sie von anderen übertönt werden, d. h. unterhalb der Mithörschwelle liegen.
- Aufgrund des physiologischen Effekts, dass ein lautes Geräusch die Wahrnehmung nachfolgender Schallsignale für eine kurze Zeitspanne verhindert, leert man einfach solche „unhörbaren" Zeitbereiche komplett.
- Da das menschliche Gehör Schwächen bei der Ortung tiefer Töne von weniger als 100 Hz hat, brauchen diese nicht in Stereo abgespeichert zu werden.

Wir wollen abschließend noch die bei der MP3-Datenkompression durchlaufenen weiteren Schritte kurz zusammenfassen:

- Das Audiosignal wird mit einer sog. Filterbank in 32 Frequenzbänder beginnend von der unteren Hörschwelle (20 Hz) bis hin zur oberen Hörschwelle (22 kHz) zerlegt. Diese Bänder werden in der Folge separat behandelt.
- Jedes dieser separaten Audiosignale wird nun wie bei CDA mit einer Rate von 44.100 Schritten pro Sekunde abgetastet. Es sind im MP3-Standard aber auch Abtastungen von 96.000 bzw. 192.000 je Sekunde zulässig.
- Meist unterscheiden sich die beiden Stereokanäle nur minimal. Daher wird bei den abgetasteten Werten die datenmäßig viel kleinere Differenz berechnet und nur diese für den zweiten Kanal abgespeichert.
- Nun findet eine Quantisierung des Audiosignals statt. Dabei werden ähnlich wie bei CDA digitale Samples aus n Bit abgeleitet. Wie dies genau geschieht und welche Werte für n zulässig sind, ist in der MP3-Norm detailliert vorgegeben.
- Die quantisierten, digitalen Werte werden letztlich noch einer Huffman-Codierung unterzogen.

Was Sie aus diesem *essential* mitnehmen können

- Sie haben sich einen Überblick verschafft, welche verschiedenen Techniken der Datenkompression bei digitaler Datenübertragung und -speicherung grundsätzlich Anwendung finden.
- Sie wissen, wie man mittels Huffman-Codierung oder Shannon-Fano-Codierung einfache Texte digital komprimieren kann.
- Sie haben gelernt, wie man mit den Verfahren LZSS und LZW aus der Lempel-Ziv-Familie einfache Texte digital komprimieren kann.
- Sie kennen das Standardverfahren DEFLATE, das bei ZIP-Datenarchiven und PDF-Dateien zur Datenkompression eingesetzt wird.
- Sie können gängige Datenformate für Grafiken, Fotos, Videos und Schall einordnen und wissen, wie man dabei diverse Kompressionsverfahren wie beispielsweise die Quantisierung einsetzt.

© Der/die Herausgeber bzw. der/die Autor(en), exklusiv lizenziert durch Springer Fachmedien Wiesbaden GmbH, ein Teil von Springer Nature 2020
O. Manz, *Gut gepackt – Kein Bit zu viel,* essentials,
https://doi.org/10.1007/978-3-658-31216-9

Literatur

[Bai] Baier, U.: Implementierung von Kompressionsverfahren (Vorlesungsfolien). Ulm, 2015
[Bru] Brunthaler, S.: Kommunikationstechnik – Datenkompression (Vorlesungsfolien). München, 2008.
[Her] Herzog, M.: Kompression & Datenformate (Vorlesungsfolien). Berlin, 2009.
[Kla] Klaas, L.: Informationstheorie und Codierung (Vorlesungsskript). Bingen, 2015.
[Man1] Manz, O.: Verschlüsseln, Signieren, Angreifen – Eine kompakte Einführung in die Kryptografie (Lehrbuch). Springer Spektrum, Berlin, 2019.
[Man2] Manz, O.: Fehlerkorrigierende Codes – Konstruieren, Anwenden, Decodieren (Lehrbuch). Springer Vieweg, Wiesbaden, 2017.
[SaG] Sauer-Greff, W.: Einführung in die Informations- und Codierungstheorie (Vorlesungsskript). Kaiserslautern, 2012.
[WPRLE] Wikipedia: Lauflängenkodierung (Internet-Enzyklopädie). https://de.wikipedia.org/wiki/Lauflängenkodierung
[WPSF] Wikipedia: Shannon-Fano-Codierung (Internet-Enzyklopädie). https://de.wikipedia.org/wiki/Shannon-Fano-Kodierung
[WPHm] Wikipedia: Huffman-Codierung (Internet-Enzyklopädie). https://de.wikipedia.org/wiki/Huffman-Kodierung
[WPLZ77] Wikipedia: Lempel-Ziv-1977-Codierung (Internet-Enzyklopädie). https://de.wikipedia.org/wiki/LZ77
[WPLZSS] Wikipedia: Lempel–Ziv–Storer–Szymanski-Codierung (Internet-Enzyklopädie). https://de.wikipedia.org/wiki/Lempel-Ziv-Storer-Szymanski-Algorithmus
[WPLZ78] Wikipedia: Lempel-Ziv-1978-Codierung (Internet-Enzyklopädie). https://de.wikipedia.org/wiki/LZ78
[WPLZW] Wikipedia: Lempel-Ziv-Welch-Codierung (Internet-Enzyklopädie). https://de.wikipedia.org/wiki/Lempel-Ziv-Welch-Algorithmus
[WPDS] Wikipedia: Digitalsignal (Internet-Enzyklopädie). https://de.wikipedia.org/wiki/Digitalsignal
[WPATR] Wikipedia: Abtastrate (Internet-Enzyklopädie). https://de.wikipedia.org/wiki/Abtastrate
[WPZIP] Wikipedia: ZIP-Dateiformat (Internet-Enzyklopädie). https://de.wikipedia.org/wiki/ZIP-Dateiformat

© Der/die Herausgeber bzw. der/die Autor(en), exklusiv lizenziert durch Springer Fachmedien Wiesbaden GmbH, ein Teil von Springer Nature 2020
O. Manz, *Gut gepackt – Kein Bit zu viel,* essentials,
https://doi.org/10.1007/978-3-658-31216-9

[WPDFl] Wikipedia: Deflate (Internet-Enzyklopädie). https://de.wikipedia.org/wiki/Deflate

[WPPNG] Wikipedia: Portable Network Graphics PNG (Internet-Enzyklopädie). https://de.wikipedia.org/wiki/Portable_Network_Graphics

[WPGIF] Wikipedia: Graphics Interchange Format GIF (Internet-Enzyklopädie). https://de.wikipedia.org/wiki/Graphics_Interchange_Format

[WPJPEG] Wikipedia: Joint Photographic Experts Group JPEG (Internet-Enzyklopädie). https://de.wikipedia.org/wiki/JPEG

[WPMPEG] Wikipedia: Moving Picture Experts Group 2 MPEG-2 (Internet-Enzyklopädie). https://de.wikipedia.org/wiki/MPEG-2

[WPMP3] Wikipedia: Audioformat MP3 (Internet-Enzyklopädie). https://de.wikipedia.org/wiki/MP3

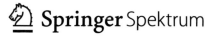
Olaf Manz

Verschlüsseln, Signieren, Angreifen

Eine kompakte Einführung
in die Kryptografie

Springer Spektrum

Printed in the United States
By Bookmasters